Planten un Blomen

Klaus-Peter Asmussen

Planten un Blomen

Wörterbuch schleswig-holsteinischer Pflanzennamen

© 2007 Klaus-Peter Asmussen
Herstellung und Verlag:
Books on Demand GmbH, Norderstedt
ISBN 978-3-8334-8589-3

VORBEMERKUNG

Das vorliegende Wörterbuch enthält die plattdeutschen Namen von Wild-, Garten- und Zierpflanzen aus Schleswig-Holstein. Wesentliche Grundlage dafür ist das *Schleswig-Holsteinische Wörterbuch* von Otto Mensing aus den Jahren 1927–35. Da die Hansestadt Lübeck seinerzeit noch nicht als Bestandteil von Schleswig-Holstein galt, sind keine spezifisch Lübecker Namen vertreten. Davon abgesehen, beziehen sich die aufgelisteten Namen auf unser Land in den heutigen Grenzen, das heißt, auch die (wenigen) Pflanzennamen aus Nordschleswig bleiben unberücksichtigt. Da das Buch ausdrücklich auch Garten- und Zier- bzw. Zimmerpflanzen enthält, bedeutet die Auflistung eines Namens nicht zwangsläufig ein natürliches Vorkommen des entsprechenden Gewächses in Schleswig-Holstein.

Die Schreibung der Namen wurde gegenüber Mensing modernisiert, wobei überwiegend den Empfehlungen von Sass gefolgt wurde. Bewusst von diesen Empfehlungen abgewichen wurde bei der Schreibweise des langen E und des langen Ö: Das „zweitonige" E wie in „Snee" wird *immer* –ee– geschrieben, das „eintonige" E wie in „negen" *immer* –e–. Ähnlich erscheint das „zweitonige" Ö wie in „gröön" als –ö– oder –öö–, das „eintonige" Ö als –oe– wie in „Sloetel".

Die von Mensing beigefügten botanischen Namen erwiesen sich in vielen Fällen als überholt. Sie wurden so weit wie möglich auf den zur Zeit gültigen Stand gebracht und im 3. Teil mit Betonungszeichen durch Unterstreichung versehen. Die angegebenen Herkunftsorte der Namen wurden in der Regel unverändert übernommen.

KARTE ÜBER DIE ERWÄHNTEN HERKUNFTSORTE UND -REGIONEN

ABKÜRZUNGEN FÜR DIE HERKUNFTSORTE DER PLATTDEUTSCHEN PFLANZENNAMEN

Ang.	Angeln (Schlesw.)
Barmst.	Barmstedt (Pbg., Sh.)
Bgth.	Bargteheide und Umgebung (Storm.)
Bordesh.	ehem. Amt Bordesholm (Mh.)
Bornh.	Bornhöved (Mh.)
Bramst.	Bad Bramstedt und Umgebung (Mh.)
Dtm.	Dithmarschen (Wh.)
Dw.	Dänischer Wohld (Schlesw.)
Eckf.	Stadt Eckernförde und Umgebung (Schlesw.)
Eid.	Eiderstedt (Wschl.)
Elbm.	Elbmarschen (Wh.)
Elmsh.	Stadtgebiet von Elmshorn (Ranz., Sh.)
Eut.	Eutin und Umgebung (Oh.)
Fehm.	Insel Fehmarn (Oh.)
FL	ehem. Fürstentum Lübeck (Oh.)
Flensb.	Stadt Flensburg mit nächster Umgebung (Schlesw.)
Föhr	plattdeutsche Teile der Insel Föhr
Glückst.	Stadt Glückstadt mit Umgebung (Wh.)
Hadem.	Hademarschen und Umgebung (Mh.)
Hlghf.	Stadt Heiligenhafen (Oldbg., Oh.)
Hohenw.	Hohenwestedt und Umgebung (Mh.)
Hohn	ehem. Hohner Harde zw. Eider u. Sorge (Kirchspiele Hohn u. Hamdorf); Südteil von Sschl.
Holst.	Holstein
Hü.	Hütten, ehem. Amt Hütten (Kirchspiele Hütten u. Bünsdorf); Ostteil von Sschl.
Hus.	Stadt Husum mit Umgebung (Mschl.)
Itz.	Itzehoe und Umgebung (Mh.)
Kh.	Kellinghusen und Umgebung (Mh.)
Kiel	Stadt Kiel und Umgebung (Mh.)
Kk.	Kaltenkirchen und Umgebung (Mh.)
Kremp.	Kremper Marsch (Wh.)
Lbg.	Herzogtum Lauenburg (Sh.)
Ltjb.	Stadt Lütjenburg und Umgebung (Oh.)
Mh.	Mittelholstein
Mschl.	Mittelschleswig
Ndtm.	Norderdithmarschen (Wh.)
Neum.	Neumünster und Umgebung (Mh.)

Neust.	Stadt Neustadt und Umgebung (Oh.)
Nordfr.	Nordfriesland (ohne Eiderstedt) (Wschl.)
Nort.	Nortorf und Umgebung (Mh.)
Oh.	Ostholstein
Oldbg.	Land Oldenburg (Oh.)
Oldesl.	Stadtgebiet von Oldesloe (Storm.)
Pbg.	Geest der ehem. Herrschaft Pinneberg (Sh.)
Pellw.	Pellworm
Plön	Stadt Plön und Umgebung (Oh.)
Prb.	Probstei (Oh.)
Preetz	Stadt Preetz und Umgebung (Oh.)
Ranz.	ehem. Grafschaft Ranzau, Gebiet östlich der Kremper Marsch, um Barmstedt (Sh.)
Rdsbg.	Rendsburg und südliche Umgebung (Mh.)
Reinf.	Reinfeld und Umgebung (Storm.)
Schenef.	Schenefeld und Umgebung (Mh.)
Schlesw.	Landesteil Schleswig
Schw.	Schwansen (Schlesw.)
Sdtm.	Süderdithmarschen (Wh.)
Sgbg.	Bad Segeberg und Umgebung (Mh.)
Sh.	Südholstein
Sschl.	Südschleswig zwischen Schlei, Schwansen, Dän. Wohld, Eider, Treene und einer Linie Hollingstedt-Schleswig
Stap.	Stapelholm (Sschl.)
Storm.	Stormarn
Üters.	Stadtgebiet von Ütersen (Sh.)
Wh.	Westholstein
Wm.	Wilstermarsch (Wh.)
Wschl.	Westschleswig

Verzeichnis der benutzten Literatur

AICHELE, Dietmar / GOLTE-BECHTLE, Marianne: Das neue Was blüht denn da? 56., völlig neubearbeitete und erweiterte Auflage. Stuttgart 1997.

AICHELE, Dietmar / SCHWEGLER, Heinz-Werner: Unsere Gräser. Stuttgart ⁴1976.

GARMS, Harry: Pflanzen und Tiere Europas. Ein Bestimmungsbuch. Braunschweig 1963, München ²1969.

GENAUST, Helmut: Etymologisches Wörterbuch der botanischen Pflanzennamen. 3., vollst. überarb, u. erw. Aufl. Basel 1996/Hamburg 2005.

MENSING, Otto: Schleswig-Holsteinisches Wörterbuch (Volksausgabe), Band I–V, Neumünster 1927–35, Reprint Neumünster 1973.

PRAHL, P.: Flora der Provinz Schleswig-Holstein. Kiel 1907.

rororo Pflanzenlexikon in 5 Bänden. Reinbek 1969.

Teil 1

PLATTDEUTSCH – HOCHDEUTSCH – BOTANISCH

A

Aalkruut: *1.* Eberraute (Artemisia abrotanum), Sdtm.; *2.* Fluss-Ampfer (Rumex hydrolapathum), Hü.; *3.* Pfeilkraut (Sagittaria sagittifolia) Storm.

Aantenflott, Aantengröön: Wasserlinse (Lemna minor)

Aantenquark, -quarkelsch, -quackelsch: Wasserlinse (Lemna minor), Dtm.

Abeel: *1.* Silber-/Weiß-Pappel (Populus alba), Sdtm.; *2.* Espe, Zitterpappel (Populus tremula), Schwabst.; *schon bei Mensing als „absterbend" bezeichnet*

Abelööschen: Stängellose Schlüsselblume (Primula vulgaris), Eckf.

Abendbook: Sumpf-Schachtelhalm (Equisetum palustre), Pbg.

Abendroot: Ringelblume (Calendula officinalis), Sgbg., Föhr

Abesch: Mispel (Mespilus germanica), Schwabst.

Achterhacken: Kapuzinerkresse (Tropaeolum majus), Wm., Sdtm.

Ackermünt: Acker-Minze (Mentha arvensis)

Ackerspark: Feldspark, Spörgel (Spergula arvensis)

Adam un Eva: Blauer Eisenhut (Aconitum napellus), Nordfr., Eid., Mh., Eckf.

Adebaarsbloom: *1.* Narzisse (Narcissus pseudonarcissus/poeticus), Schw.; *2.* Wiesen-Schaumkraut (Cardamine pratensis), Dtm., Schönkirchen; *3.* Buschwindröschen (Anemone nemorosa), Delve, Schwabst; *4.* Schwanenblume/Wasserliesch (Butomus umbellatus), *5.* Große Sternmiere (Stellaria holostea), Prb.; *6. de blage A.:* Blaue Schwertlilie (Iris germanica), Strenglin; *7. de gele A.:* Wasser-Schwertlilie (Iris pseudacorus), Dw., Schw., Rdsbg., Sgbg., Wm.

Adebaarsei: *1.* Kaiserkrone (Fritillaria imperialis), Friedrichst.; *2.* Schachblume (Fritillaria melegaris), Friedrichst.

Adebaarsklapper (Storm.)**, Adebaarsnipp** (Reinfeld): Wasser-Schwertlilie (Iris pseudacorus)

Adebaarssloetel: Wiesen-Schaumkraut (Cardamine pratensis), Dtm., Schönkirchen

Adebaarssnabel: Storchschnabel (Geranium), Dw., Hü., Rdsbg., Dtm., Lbg.,

Adebaarssnaff: *1.* Wasser-Schwertlilie (Iris pseudacorus), Mittelholst.; *2.* Storchschnabel (Geranium), Sgbg.

Adebaarssnapp: *1.* Wasser-Schwertlilie (Iris pseudacorus), Ndtm., Sdtm., Storm., Kk., Pbg.; *2.* Storchschnabel (Geranium), Storm.

Aderblatt: Großer Wegerich (Plantago major), Dtm., Stap.

Aderjaan: Odermennig (Agrimonia eupatoria), *bei Klaus Groth*

Agenbloom: Gamander-Ehrenpreis (Veronica chamaedrys), Prb.

Agurk: Gurke (Cucumis sativus), Ang., Flensb.

Ahlber: Schwarze Johannisbeere (Ribes nigrum), Holst., Eid.; in Dtm: **Ahlbei**

Ahnebuk: Sumpf-Schachtelhalm (Equisetum palustre), Elbm.

Ahorn, Ahrn, Ahrnboom: Ahorn (Acer); *aus dem Hochdeutschen*

Akelei: Akelei (Aquilegia vulgaris)

Aland: Alant (Inula helenium), Wm., Dtm.

Alhorn: Schwarzer Holunder (Sambucus nigra)

Allermünnkrut: Weg-Rauke (Sisymbrium officinale)

Allhorn: Schwarzer Holunder (Sambucus nigra), Storm.

Alweh: *1.* Baumartige Aloe (Aloe arborescens), Sdtm.; *2.* **Bunten A.:** Bunte Aloe (Aloe variegata)

Amtmannskohl: Giersch, Geißfuß (Aegopodium podagraria), Fehm., Dtm.

Angel: Klette (Arctium lappa), Ang.

Apenaars: *1.* Mispel (Mespilus germanica); *2.* Mandelbaum (Prunus dulcis), Storm.

Apenbern: Schwarze Johannisbeeren (Ribes nigrum), Holstein außer Dtm.

Apenerschen, Apenmors: Mispel (Mespilus germanica)

Appeldoorn: Wilder Apfelbaum (Malus sylvestris)

Arfen: *1.* Erbsen (Pisum); *2.* **Gele/Gröne A.:** Erbsen (Pisum sativum); *3.* **Griese A.:** Ackererbsen (Pisum arvense); *4.* **Törksche A.:** Türkische Erbsen *[Bohnensorte]* (Phaseolus vulgaris), Südholst.

Arnikabloom: Arnika, Wohlverleih (Arnica montana)

Aschbloom: Cinerarie, Aschenblümchen (Senecio cruentis/Cineraria), Pellw., Dtm.

Aspars, *pl.* **Asparsen:** Spargel (Asparagus officinalis), Mh., Dtm., Wm.

Aster: Aster (Aster chinensis)

Asturzikum: Kapuzinerkresse (Tropaeolum majus)

Aubloom: *1.* **gele Aubloom:** Gelbe Teichrose (Nuphar luteum), Mh., Sgbg., Storm.; *2.* **witte Aubloom:** Weiße Seerose (Nymphaea alba), Mh.

Augustrum: Liguster (Ligustrum vulgare), Wm., Sgbg., Prb., Schw.

Aupoppen: Weiße Seerose (Nymphaea alba), Mh.

Aurüsch: Binse (Juncus)

B

Baarskruut: Laichkraut (Potamogeton), Sgbg.

Backer(s): Klette (Arctium lappa), Preetz, Wm.

Bähnk: Pfeifengras (Molinia coerulea), Dtm.

Bähnt(halm): Pfeifengras (Molinia coerulea), Storm., Pbg.

Balderjaan: Echter Baldrian (Valeriana officinalis)

Barenfell: Wasserfaden (Ulothrix), Ndtm.

Barenklau: Wiesen-Bärenklau (Heracleum sphondylium)

Bark: Birke (Betula alba)

Bees: Binse (Juncus/Scirpus)

Beeslook: Schnittlauch (Allium schoenoprasum)

Beet: Rode B.: Runkelrübe, Rote Beete (Beta vulgaris)

Bek(er)bees: Schwanenblume/Wasserliesch (Butomus umbellatus)

Beksling: Pfennigkraut (Lysimachia nummularia)

Bent: *1.* Glanzgras (Phalaris arundinacea), Lbg.; *2.* Rotes Straußgras (Agrostis tenuis/vulgaris); *3.* Schmiele (Deschampsia); *4.* Pfeifengras (Molinia coerulea), Schlesw.

Bentgras, -halm: Pfeifengras (Molinia coerulea), Holst.

Bessenkruut: *1.* Besenginster (Cytisus scoparius); *2.* Spanischer Ginster (Spartium junceum); *3.* Beifuß (Artemisia vulgaris), Ang.

Bessenmeddel: Pfeifengras (Molinia coerulea), Sgbg.

Bettstroh: Wiesen-Labkraut (Galium mollugo), Stdm. Neum.

Beverbüxen: Zittergras (Briza media), Fehm.

Beveresch: Espe, Zitterpappel (Populus tremula), Hus.

Bevergras: Zittergras (Briza media), Kk., Sschl., Viöl

Beverkruut: Zittergras (Briza media), Elmsh.

Bevermeddel: Zittergras (Briza media), Kk., Sgbg.

Bevernadel: *1.* Zittergras (Briza media), Ndtm., Wm., Storm., Bornh., FL., Fehm., Dw., Schw., Ang.; *2.* Porzellanblümchen (Saxifraga umbrosa), Storm.

Bickber: Heidelbeere (Vaccinium myrtillus)

Bileber: Heidelbeere (Vaccinium myrtillus), Flensb.

Bilsenkruut: Schwarzes Bilsenkraut (Hyoscyamus niger)

Bing: Bingelkraut (Mercurialis perennis)

Bink, Bint: Pfeifengras (Molinia coerulea)

Birk: Birke (Betula alba)

Bischbusch: Buchsbaum (Buxus sempervirens), Prb.

Bitterblatt: Bitterklee, Fieberklee (Menyanthes trifoliata), Holst.

Bitterling, de Bittern: Wasserpfeffer (Polygonum hydropiper), Holst.

Blackber: Kratzbeere (Rubus caesius), Fehm.

Blankgras: Glanzgras (Phalaris arundinacea),.Kk.

Blanksaat: Glanzgras (Phalaris arundinacea), Hü.

Blankwichel: Bruch-Weide (Salix fragilis), Hü.

Blasendang: Blasentang (Fucus vesiculosus), Nordseeküste

Blaubloof: Kornblume (Centaurea cyanus), Schenefeld

Blaue Wiern: Blauer Flieder (Syringa vulgaris), Sdtm.

Blauheimchen: Leberblümchen (Hepatica nobilis), FL

Blauküül: Meerzwiebel (Scilla), Kh.

Blaumütz: Kornblume (Centaurea cyanus), Dtm.

Blausirien (Pellw.)**, Blauwiern** (Dtm.)**:** Blauer Flieder (Syringa vulgaris),

Blenker: Draht-Schmiele (Deschampsia flexuosa), Holst.

Blinkbült: Rasen-Schmiele (Deschampsia caespitosa), Kk.

Blolo: Mauerpfeffer, Scharfe Fetthenne (Sedum acre), Kuden

Bloodböök: Blutbuche (Fagus silvatica var. purpurea)

Bloodbröök (FL)**, Bloodkruut, Bloodreinigungskruut** (Fehm.)**:** Johanniskraut, Hartheu (Hypericum perforatum)

Bloodwuttel: Blutwurz (Potentilla erecta)

Bockelfaart: Krebsschere (Stratiotes aloides), Meggerkoog

Bockfaar: Acker-Schachtelhalm (Equisetum arvense), Sgbg.

Bocksbaart: *1.* Krebsschere (Stratiotes aloides), Storm.; *2.* Borstengras (Nardus stricta), Storm., Kk., Hohenw.; *3.* Acker-Schachtelhalm (Equisetum arvense), Sgbg., FL, Oh., Fehm., Schw.; *4.* Sumpf-Schachtelhalm (Equisetum palustre), Hlghf.; *5.* Wiesen-Schachtelhalm (Equisetum pratense), Fehm.

Bocksber: Schwarze Johannisbeere (Ribes nigrum), Kk.

Bocksboom: Buchsbaum (Buxus sempervirens), Pellw.

Bocksdoorn: Purgier-Kreuzdorn (Rhamnus cathartica)

Bockweten: Buchweizen (Polygonum fagopyrum), Schw.

Boenk, Boent: Pfeifengras (Molinia coerulea), Ndtm.

Bohnen: *1.* **Grote B.:** Puffbohne (Vicia faba); *2.* **Walsche B.:** Schnittbohnen, Brechbohnen (Phaseolus vulgaris), Dtm., Ang.

Bohnenkruut: Bohnenkraut (Satureja hortensis)

Bommbees: Breitblättriger Rohrkolben (Typha latifolia), Sh.

Bommpesel: Breitblättriger Rohrkolben (Typha latifolia), Oh.

Böök: *1.* Rotbuche (Fagus silvatica); *2.* Hain-, Weißbuche (Carpinus betulus); *3.* **Rood B.:** Blutbuche (Fagus silvatica var. purpurea), Hü.

Bookweet: Buchweizen (Polygonum fagopyrum), Schlesw., FL

Bookweeten: *1.* Buchweizen (Polygonum fagopyrum); *2.* **Poolschen/Willen B.:** Tatarischer Buchweizen (Polygonum tataricum)

Bookweet(j)enbloom: Porzellanblümchen (Saxifraga umbrosa), Storm., Bornh.

Bookwiet: Buchweizen (Polygonum fagopyrum), Stap. Hus.

Bormkasch, Bornkass: *1.* Schmalblättriger Merk (Sium angustifolium); *2.* Brunnenkresse (Nasturtium officinale)

Borr, *pl.* **Borren:** Klette (Arctium lappa), Ang., Flensb., Wschl.

Borre, Borri: Porree (Allium porrum)

Botterblatt: *1.* Fluss-Ampfer (Rumex hydrolapathum); *2.* Krauser Ampfer (Rumex crispus)

Botterbloom: *1.* Hahnenfuß (Ranunculus acris/repens/ficaria/auricomus); *2.* Gänse-Fingerkraut (Potentilla anserina), Pellw.; *3.* Krauser Ampfer (Rumex crispus), Dtm.; *4.* Scharbockskraut, Feigwurz (Ranunculus ficaria); *5.* Wiesen-Löwenzahn (Taraxacum officinale), Sh., Mh.; *6.* Sumpf-Dotterblume (Caltha palustris)

Botterstang: De Düvel sien B.: Sonnenwend-Wolfsmilch (Euphorbia helioscopia), Ang.

Braam, Braamt (Sdtm.)**, Braan** (Rdsbg.)**, Bramm** (Stap.)**, Bramp**(Dtm.)**:** Besenginster (Cytisus scoparius)

Brammer-, Brammelber: Brombeere (Rubus fructicosus), Hohn, Rdsbg., Prb., Wankendf., Schönkirchen

Brammiskruut: Johanniskraut, Hartheu (Hypericum perforatum), Fehm.

Brandbloom, Brandboom: Baumartige Aloe (Aloe arborescens)

Brandklusternegel: Lichtnelke „brennende Liebe" (Lychnis chalcedonica), Wankendf.

Brandlill, -lilge: *1.* Feuerlilie (Lilium bulbiferum); *2.* **Witte B.:** Weiße Lilie (Lilium candidum)

Brandnilk, -negel: Feuerlilie (Lilium bulbiferum)

Brannwienkirsch: Sauerkirsche (Prunus cerasus), Strenglin

Brannwienkruut: Johanniskraut, Hartheu (Hypericum perforatum), Fehm.

Brennettel: *1.* **Grote B.:** Große Brennnessel (Urtica dioica); *2.* **Lütte/Kruse B.:** Kleine Brennnessel (Urtica urens)

Brommber: Brombeere (Rubus fructicosus), Schlesw.

Brommelber: Brombeere (Rubus fructicosus), Holst., Dw., Schw., Hü.

Broodkoem: *1.* Wiesen-Kümmel (Carum carvi), Sdtm.; *2.* **Wille B.:** Knolliger Kälberkropf (Chaerophyllum bulbosum), Dtm.

Brookwichel: Sal-Weide (Salix caprea), Holst.

Bruckdoorn: Purgier-Kreuzdorn (Rhamnus cathartica), Storm.

Brüdigamsbloom: Ringelblume (Calendula officinalis)

Brüdigamskruut: Erdrauch (Fumaria officinalis), Storm., Kiel, Hü.

Brüdigamsmannsleev: Erdrauch (Fumaria officinalis)

Brummber (Schlesw.)**, Brummelber** (Holst., Dw., Schw., Hü.)**, Brummeldoorn** (Mh.)**, Brummerber** (Stap., Dw., Oh.)**:** Brombeere (Rubus fructicosus)

Brummsilk: Basilikum (Ocimum basilicum)

Bruunsilk(en): Basilikum (Ocimum basilicum), Wm.

Buckweten: Buchweizen (Polygonum fagopyrum), Wm., Sdtm., Schw., Ang.

Bukettarf: Wohlriechende Wicke (Lathyrus odoratus), Wankendf.

Bukettroos: Bibernellrose (Rosa pimpinellifolia), Wankendf., Hü.

Bullenbees: Rohrkolben (Typha latifolia), Schlesw.

Bullenklau: Wiesen-Bärenklau (Heracleum sphondylium), Kk.

Bullenkruut: *1.* Sonnentau (Drosera rotundifolia), Storm., Pbg., Hü.; *2.* Wiesen-Kerbel (Anthriscus sylvestris), Sdtm.; *3.* Wolfsmilch (Euphorbia), Dtm., Wm., Storm., Hü.

Bullenpesel: *1.* Sumpfbinse (Eleocharis palustris), Wm.; *2.* Blumenbinse (Scheuchzeria palustris), Glückstadt; *3.* Rohrkolben (Typha latifolia), Holst.

Bullerblatt: Pestwurz (Petasites hybridus), Dtm., Wm.

Bullerjahn: *1.* Echter Baldrian (Valeriana officinalis); *2.* Pestwurz (Petasites hybridus), Ütersen; *3.* Giersch, Geißfuß (Aegopodium podagraria)

Bullerkruut: Pestwurz (Petasites hybridus), Ütersen

Bultdießel: Gewöhnliche Kratzdistel (Cirsium vulgare), Stap.

Bummpesel: Breitblättriger Rohrkolben (Typha latifolia), Oh.

Bummsküül: Breitblättriger Rohrkolben (Typha latifolia), Ang.

Bünk: Pfeifengras (Molinia coerulea), Sdtm.

Buntgras: Glanzgras (Phalaris arundinacea), Holst.

Burr: Klette (Arctium lappa), nördl. Ang.

Burrdießel: Gewöhnliche Kratzdistel (Cirsium vulgare), Eid.

Burre, *pl.* **Burris:** Klette (Arctium lappa), Maasbüll

Burri: Porree (Allium porrum)

Buschbohnen: Bohne (Phaseolus vulgaris), Hü.

Buschboom: *1.* Buchsbaum (Buxus sempervirens); *2.* Blauer Flieder (Syringa vulgaris), Nordfr.

Buschroos: Pfingstrose (Rosa cinnamomea)

Buschspringer: Springkraut (Impatiens nolitangere), Storm.

Bussboom: Buchsbaum (Buxus sempervirens), FL

Butendieksgras: Grasnelke (Armeria maritima), Ndtm.

Buurroos: Bauerrose, Pfingstrose (Paeonia officinalis)

Buxboom: Buchsbaum (Buxus sempervirens)

Büxenbloom: Weiße Lichtnelke (Silene alba), Ndtm.

C

Chinaroos: Dahlie (Dahlia variabilis), Kk.

Christangel, Christannel: Roßkastanie (Aesculus hippocastanum), Ang.

Christi Bloodbloom: Gilbweiderich (Lysimachia vulgaris), Storm.

Christibloodbloom: Gilbweiderich (Lysimachia vulgaris), Dtm.

D

Dack: Schilf (Phragmites communis)

Dackbees: Teichsimse (Scirpus lacustris)

Dackkruut: Hauswurz (Sempervivum tectorum), Storm.

Dackküül: Breitblättriger Rohrkolben (Typha latifolia), Wh.

Dacklook: Hauswurz (Sempervivum tectorum)

Dackreep: Segge (Carex)

Dackreet: Schilf (Phragmites communis)

Dang: *1.* Tang (Fucus); *2.* Seegras (Zostera marina), Ostsee

Dann: *1.* Rotfichte (Picea abies); *2.* Weißtanne (Abies alba); *3.* Tang (Fucus), Dtm., Ellerbek

Dannennettel: *1.* Hohlzahn (Galeopsis), Wh., Mh., Rdsbg.; *2.* Weiße Taubnessel (Lamium album), Mh.; *3.* Wald-Ziest (Stachys sylvatica), Reinbek, Sgbg., Plön

Dark: Wiesen-Schachtelhalm (Equisetum pratense), Stdm.

Darrgras: Wolliges Honiggras (Holcus lanatus), Holst.

Degenscheed: Igelkolben (Sparganium), Storm.

Dennerlärch: Klette (Arctium lappa), Prb.

Dennett(el): Weiße Taubnessel (Lamium album), Dtm., Hü.

Dickkopp(saat): Knäuelgras (Dactylis glomerata)

Didsel: Acker-Kratzdistel (Cirsium arvense), nördl. Ang.

Diekbloom: Gänseblümchen, Maßliebchen (Bellis perennis), Ndtm.

Diekroos: Weiße Seerose (Nymphaea alba), Wankendf.

Dießel: *1.* Distel (Cirsium/Carduus); *2.* **Blaue D.:** Natternkopf (Echium vulgare), Storm.; *3.* **Blaue D.:** Stranddistel (Eryngium maritimum), Storm.

Dießeldoorn: Weg-Distel (Carduus acanthoides), Dtm.

Diester: Distel (Cirsium/Carduus), Kk., Hohn

Dietsel: Distel (Cirsium/Carduus), Ang.

Dill: *1.* Dill (Anethum graveolens); *2.* **Dull D.:** Schwarzes Bilsenkraut (Hyoscyamus niger)

Dissel: Distel (Cirsium/Carduus)

Dödder: Leindotter (Camelina sativa), Sgbg., Schönkchn.

Dodenbloom: *1.* Perlpfötchen (Antennaria margaritacea), Dtm.; *2.* Studentenblume (Tagetes patula)

Doert: Andorn (Marrubium vulgare), Storm.

Doller: Leindotter/Saatdotter (Camelina sativa/dentata), Ndtm., Sgbg.

Donnhamer: Breitblättriger Rohrkolben (Typha latifolia), Ang., Hus.

Doofklaab: Klappertopf (Rhinantus)

Doofnettel: *1.* **Bunte D:** Hohlzahn (Galeopsis speciosa); *2.* **Grote D.:** Weiße Taubnessel (Lamium album); *3.* **Lütte D.:** Rote Taubnessel (Lamium purpureum)

Doorn: *1.* Weißdorn (Crataegus oxycantha), Hü.; *2.* Dornige Hauhechel (Ononis spinosa), Dtm.; *3.* Nickende Distel (Carduus nutans)

Doort: Andorn (Marrubium vulgare)

Doppheid: Glockenheide (Erica tetralix), Mh., Storm.

Dottel(n): *1.* Teichsimse (Scirpus lacustris); *2.* Sumpfbinse (Eleocharis palustris), Stap.

Dreeblatt: *1.* Bitterklee, Fieberklee (Menyanthes trifoliata); *2.* Sauerklee (Oxalis acetosella), FL; *3.* Giersch, Geißfuß (Aegopodium podagraria) Wankendf.

Dreekant: Winden-Knöterich (Fallopia convolvulus), Ndtm.

Dreesch (Wankendf.), **Dreeschen** (Storm.), **Dresch** (Pbg., Sgbg., Rdsbg.), **Dresp** (Hü,. Wh.), **Drespel** (Fehm.), **Dress, Drisp** (Schw.), **Drispel** (Prb.), **Dröspel** (Fehm.): Trespe (Bromus secalinus/mollis)

Dront: *1.* Acker-Steinsamen (Lithospermum arvense), Fehm., Hü.; *2.* Kornblume (Centaurea cyanus), Wh.

Drönt: Acker-Steinsamen (Lithospermum arvense), Lbg.

Drückdal: Gewöhnlicher Salzschwaden (Puccinellia distans)

Drunt: Ackersteinsamen (Lithospermum arvense), Fehm.

Druuvke: Blaues Träubelchen, Perlhyazinthe (Muscari botryoides), Hus.

Druuvnelk: Karthäusernelke (Dianthus carthusianorum), FL

Druven: Blaue D.: Blaues Träubelchen, Perlhyazinthe (Muscari botryoides)

Dubock: Schachtelhalm (Equisetum arvense u.a.)

Dubup: Schachtelhalm (Equisetum arvense u.a.), Ütersen *[vereinzelt]*

Dukop: Schachtelhalm (Equisetum arvense u.a.), Reinbek *[vereinzelt]*

Dullberen: Schwarzer Nachtschatten (Solanum nigrum)

Düllberen: Schwarzer Nachtschatten (Solanum nigrum), Hü.

Dulldill(en): Schwarzes Bilsenkraut (Hyoscyamus niger), Holst.

Dulldübsen: Schwarzes Bilsenkraut (Hyoscyamus niger), Dtm.

Dullhamer: Breitblättriger Rohrkolben (Typha latifolia), Schw.

Dullkruut: *1.* Schöllkraut (Chelidonium majus), Storm.; *2.* Schwarzes Bilsenkraut (Hyoscyamus niger), Holst.; *3.* Schwarzer Nachtschatten (Solanum nigrum), Storm.

Dummhamer: Breitblättriger Rohrkolben (Typha latifolia), Viöl

Dunk: Gefleckter Schierling (Conium maculatum), Sdtm., Wm.

Dunnerbaart: Hauswurz (Sempervivum tectorum), Sh.

Dunnerbessen: Fetthenne (Sedum telephium), Holst.

Dunnerhamer: Breitblättriger Rohrkolben (Typha latifolia), Ang., Schw.

Dunnerkruut: *1.* Fetthenne (Sedum telephium), Holst., Dtm.; *2.* Hauswurz (Sempervivum tectorum), Dtm.

Dunnerküül: *1.* Breitblättriger Rohrkolben (Typha latifolia), Schlesw.; *2.* **Lütte D.:** Schmalblättriger Rohrkolben (Typha angustifolia)

Dunnerlarch: Klette (Arctium lappa), Prb.

Dunnerlerchen: Ampfer *[große Arten]* (Rumex), Prb.

Dunnerlörchen: Knöterich (Polygonum), Sgbg.

Dunnernettel: *1.* Große Brennnessel (Urtica dioica), Holst.; *2.* Kleine Brennnessel (Urtica urens), Schw

Dunnhamer: Breitblättriger Rohrkolben (Typha latifolia), Ang., Hus.

Dünnhamer: Breitblättriger Rohrkolben (Typha latifolia), Hus.

Dunsküül: Breitblättriger Rohrkolben (Typha latifolia), Schlesw.

Duopp: Schachtelhalm (Equisetum arvense u.a.), Sdtm.

Dusendblatt: Schafgarbe (Achillea millefolium)

Dusendgülden: Tausendgüldenkraut (Centaurium erythraea), Bornh.

Dusendschökel: Gänseblümchen, Maßliebchen (Bellis perennis), Duvenstedt

Dusendschön, Dusendskjönken: Gänseblümchen, Maßliebchen (Bellis perennis), Ggd. v. Kiel

Duttel(n): *1.* Sumpfbinse (Eleocharis palustris), Dtm., Stap., Büttel; *2.* Teichsimse (Scirpus lacustris), Dtm., Stap., Büttel; *3.* Flatterbinse (Juncus effusus), Storm.

Düttel(n): *1.* Sumpfbinse (Eleocharis palustris), Dtm.; *2.* Teichsimse (Scirpus lacustris), Ndtm.

Dutznelk: Bartnelke (Dianthus barbatus), Schönkch.

Duufop: Schachtelhalm (Equisetum arvense u.a.), Bornh.

Duuk: Schachtelhalm (Equisetum arvense u.a.), Schw.

Düvel: De schwarte D.: Flughafer (Avena fatua), Fehm.

Düvelsafbitt: *1.* Teufelsabbiss (Succisa pratensis), FL; *2.* Johanniskraut, Hartheu (Hypericum perforatum), Wankendf.

Düvelsappel: Stechapfel (Datura), Dtm.

Düvelsber: Kratzbeere (Rubus caesius), Sgbg.

Düvelsbloom: *1.* Weiße Lichtnelke (Silene alba), Ndtm.; *2.* Kuhblume/ Löwenzahn (Taraxacum officinale), Ang., Flensb.

Düvelsdarm: *1.* Quendel-Seide (Cuscuta epithymum); *2.* Ackerwinde (Convolvulus arvensis), Hü.

Düvelshand: *1.* Geflecktes Knabenkraut (Dactylorhiza maculata); *2.* Breitblättriges Knabenkraut (Dactylorhiza latifolia); *3.* Pestwurz (Petasites hybridus), Prb.

Düvelsklau: Kapuzinerkresse (Tropaeolum majus), Föhr

Düvelsmelk: Wolfsmilch (Euphorbia), Ang.

Düvelstwern: *1.* Nessel-Seide (Cuscuta europaea), Holst.; *2.* Teufelszwirn (Lycium), Storm.

Duwack (Schönkch.)**, Duwock, Düwock** (Ranz.)**, Duwopp** (Sdtm., Wm., FL, Dw.)**, Düwopp** (Hü.)**, Duwuck** (Schw.)**, Duwum** (Mh. *vereinzelt*)**, Duwupp** (Prb., Mh,. Storm., Dtm.)**:** Schachtelhalm (Equisetum arvense u.a.)

Dwelk: Taumellolch (Lolium temulentum), Hus.

Dwerhexen: Kapuzinerkresse (Tropaeolum majus), Sdtm.

E

Eek(er): Eiche (Quercus)

Eeken: Eiche (Quercus), Dtm., Pbg., Rdsbg,. Hohn, Schw.

Eer(d)ber, Eer(d)bei (Dtm.)**:** Erdbeere (Fragaria)

Efa, Efarank, Efeu: Efeu (Hedera helix)

Ehrenpries: Echter Ehrenpreis/Gamander-Ehrenpreis (Veronica officinalis/chamaedrys)

Eidödder, Eidotter: Trollblume (Trollius europaeus)

Eierbloom: *1.* Hornklee (Lotus corniculatus); *2.* Trollblume (Trollius europaeus)

Eierplumm: Zwetsche (Prunus domestica)

Eierroos: Zentifolie (Rosa centifolia), Hü., Mh.

Eller, Ellernboom: *1.* Schwarz-Erle (Alnus glutinosa); *2.* **Norrsche E.:** Grau-Erle (Alnus incana), Rdsbg.; *3.* **Swedsche E.:** Grau-Erle (Alnus incana), Kk.

Ellhorn: Schwarzer Holunder (Sambucus nigra)

Engelshand: Knabenkraut (Dactylorhiza maculata/latifolia), Hus.

Entenflott: Wasserlinse (Lemna minor), Ang.

Entengrütt: Wasserlinse (Lemna minor)

Entenkruut: Wasserlinse (Lemna minor), Pbg., Itz., Ang.

Entenmai, Entenmarr, Entensnatter: Wasserlinse (Lemna minor), Ang.

Esch(en): Esche (Fraxinus excelsior)

Esp: Espe, Zitterpappel (Populus tremula)

Etigroos: Essig-Rose (Rosa gallica)

Ewerrau: Eberraute (Artemisia abrotanum), Sgbg.

Ewerriek: Eberraute (Artemisia abrotanum), Dtm.

Ewerritjen, Ewerritt: Eberraute (Artemisia abrotanum), Hü.

Ewerrood: Eberraute (Artemisia abrotanum)

Ewigkeitsbloom: *1.* Sand-Strohblume, Immerschön (Helichrysum arenarium), Dtm., Fehm., Sgbg.; *2.* Katzenpfötchen/Perlpfötchen (Antennaria dioica/margaritacea)

F

Faden: Kornrade (Agrostemma githago), Fehm.

Fahlenfoot: Pestwurz (Petasites hybridus), Kk.

Fahlenfoot, Fahlenfööt: Huflattich (Tussilago farfara)

Fa(h)rnkruut: *1.* Schildfarn (Aspidium); *2.* **Groot F.** Adlerfarn (Pteridium aquilinum)

Faten: Kornrade (Agrostemma githago), Fehm.

Februaribloom: Winterling (Eranthis hiemalis), Prb.

Fedderboom: Ehrenpreis (Veronica), Dtm.

Feddergras: Federgras (Stipa pennata)

Feddernegel: Federnelke (Dianthus plumarius), Storm., Kk., Bornh., Hü.

Feddernelk: Federnelke (Dianthus plumarius)

Feddernilk: Federnelke (Dianthus plumarius), Dtm.

Feeverbloom: Busch-Windröschen (Anemone nemorosa), Ang.

Feeverkruut: Bitterklee, Fieberklee (Menyanthes trifoliata), Sgbg., Storm.

Feldkröpp: Lattich (Lactuca), Holst. *1800*

Feldroos: Hunds-Rose, Hecken-Rose (Rosa canina), Dtm.

Feldrüster: Feld-Ulme (Ulmus campestris), Holst.

Feldspark: Feldspark, Spörgel (Spergula arvensis), Bornh.

Fettbloom: Busch-Windröschen (Anemone nemorosa), Ang.

Fettbock: Bärlapp (Lycopodium), Pbg.

Fettbuuk: Mauerpfeffer, Scharfe Fetthenne (Sedum acre)

Fettkruut: Mauerpfeffer, Scharfe Fetthenne (Sedum acre), Bornh.

Fettmelln: Weißer Gänsefuß (Chenopodium album)

Fettsteert: *1.* Mauerpfeffer, Scharfe Fetthenne (Sedum acre), Storm.; *2.* Kreuzkraut, Stolzer Heinrich (Senecio vulgaris), Sh.

Fettwöttel: Acker-Ziest (Stachys arvensis), Hü.

Fettwurrel: Acker-Ziest (Stachys arvensis)

Fievaderblatt: *1.* **Groot F.:** Großer Wegerich (Plantago major); *2.* **Lütt F.:** Spitzwegerich (Plantago lanceolata)

Fievaderwuttel: Großer Wegerich (Plantago major), Ang.

Fievfingerkruut: Bingelkraut (Mercurialis perennis), Ang., Hohn

Fietsbohnen: Schnittbohnen (Phaseolus vulgaris), FL

Fingerhoot: *1.* **Blauen F.:** Glockenblume (Campanula), Prb., Stap.; *2.* **Roden F.:** Fingerhut (Digitalis purpurea), Prb.

Finkel: Fenchel (Foeniculum), Holst.

Finnkohl: Fenchel (Foeniculum), Wm.

Finsterroos: Stockrose (Althaea rosea), Dtm.

Flass: *1.* Flachs, Echter Lein (Linum usitatissimum); *2.* **Wille F.:** Wilder Flachs (Myagrum sativum)

Fledderesch: Espe, Zitterpappel (Populus tremula)

Fleeder(boom, -busch): Schwarzer Holunder (Sambucus nigra)

Fleeschbloom: Kuckucks-Lichtnelke (Lychnis flos cuculi)

Fleutenholt: Eberesche (Sorbus aucuparia), Hü.

Fleutenkruut: Wiesen-Kerbel (Anthriscus silvestria), Hus., Stap.

Fleutenstock: Eberesche (Sorbus aucuparia), Rdsbg.

Flöhkruut: *1.* Sparrige Binse (Juncus squarrosus), Hü.; *2.* Sumpf-Porst (Ledum palustre), Eid., Dtm., Wm., Mh.

Flott: Wasserlinse (Lemna minor), Ang.

Fludderesch: Espe, Zitterpappel (Populus tremula)

Flüüs, Flüüsch: Acker-Fuchsschwanz (Alopecurus myosuroides), Dtm.

Foderwuttel: Gelbe Möhre (Daucus carota), Dtm., Kh.

Föhr: Kiefer, Föhre (Pinus), Wm., Plön, Ang.

Franzosenkruut: Kleinblütiges Franzosenkraut (Galinsoga parviflora)

Frier un Bruut: Große Fetthenne (Sedum telephium)

Fruenhaar: *1.* Leinkraut (Linaria vulgaris), Storm.; *2.* Schuppensimse (Isolepis setacea), Dw., Dtm.

Fruensschoh: Frauenschuh (Cypripedium calceolus)

Fuchsschwanz: Bärlapp (Lycopodium), Ang.

Füerbloom: Sand-Mohn (Papaver argemone)

Füerbohn: *1.* Feuerbohne (Phaseolus coccineus); *2.* Bunte Bohne (Phaseolus multiflorus), Sgbg.

Füerdießel: *1.* Gewöhnliche Kratzdistel (Cirsium vulgare), Sgbg.; *2.* Nickende Distel (Carduus nutans), Sgbg.

Füerkruut: Grüne Nieswurz (Helleborus viridis), FL

Füermahn: Sand-Mohn (Papaver argemone), Itz.

Füerroos: Sand-Mohn (Papaver argemone), Schw.

Führen: *1.* Kiefer, Föhre (Pinus); *2.* Rotfichte (Picea abies), Hü.

Für(e)n: Kiefer, Föhre (Pinus)

Fuulberboom: *1.* Faulbaum (Rhamnus frangula), Hus.; *2.* Traubenkirsche (Prunus padus), Sgbg.

Fuulboom: *1.* Faulbaum (Rhamnus frangula); *2.* Purgier-Kreuzdorn (Rhamnus cathartica), Dtm. (vereinzelt); *3.* Gewöhnlicher Schneeball (Viburnum opulus), Hü.; *4.* Traubenkirsche (Prunus padus)

Fuuleschen: Espe, Zitterpappel (Populus tremula), Mh.

Fuullieschen: Acker-Gauchheil (Anagallis arvensis), Sgbg.

G

Gaapstock: Löwenmaul (Antirrhinum majus), Ang. (*scherzhaft*)

Gabel un Mess: *1.* Acker-Hellerkraut (Thlaspi arvense), Dw.; *2.* Wiesenkerbel, Kälberkropf (Anthriscus sylvestris), Fehm. (*absterbend*)

Gassen, Gars (Hus.)**, Garsen** (Pellw.)**, Garsten** (Flensb.)**, Gass** (Schlesw.)**, Gast** (Schw., Ang.)**, Gasten** (Mh.): *1:* Mehrzeilige Gerste (Hordeum vulgare); *2.* **Tweereegte G.:** Zweizeilige Gerste, (Hordeum distichon); *3.* **Will G.:** Mäusegerste (Hordeum murinum), Dtm., Fehm.

Geeschen: Giersch, Geißfuß (Aegopodium podagraria)

Geil: *1.* Besenginster (Cytisus scoparius), Ang., Nordfr.; *2.* Ginster (Genista), Ang., Flensb., Viöl; *3.* Brombeere (Rubus fructicosus), Ang. 1850

Gel: Acker-Senf (Sinapis arvensis), Pellw.

Geld: Gewöhnlicher Froschbiss (Hydrocharis morsus ranae), Ndtm.

Geldbloom: *1.* Klappertopf (Alectorolophus), Fehm., Dtm.; *2.* Zottiger Hahnenkamm (Celosia cristata), Sdtm.; *3.* Hungerblümchen (Erophila verna), Sdtm.; *4.* Gewöhnlicher Froschbiss (Hydrocharis morsus ranae), Ndtm.

Gelgoelken: Ringelblume (Calendula officinalis), Fehm.

Gelgülken: Ringelblume (Calendula officinalis), Wm.

Gelhacken: Kapuzinerkresse (Tropaeolum majus), Pbg.

Gelknööp (Gel Knööp): Kriechender Hahnenfuß (Ranunculus repens)

Gelnesen: Türkenbund-Lilie (Lilium martagon), Dw.

Gelööster: Schlüsselblume (Primula), Schw. *[selten]*

Gelrood: Krauser Ampfer (Rumex crispus), Pellw.

Gelsteenmoos: Mauerpfeffer, Scharfe Fetthenne (Sedum acre), Fehm

Gelvijolen: Goldlack (Cheiranthus cheiri), Schönkirchen

Gelwaartenkruut: Schöllkraut (Chelidonium majus), Fehm.

Gelwe'winn: Zungen-Hahnenfuß (Ranunculus lingua), FL

Gelwörtel, Gelwottel, Gelwöttel, Gelwuttel: Möhre (Daucus carota)

Geranium: *1.* **Buntes G.:** Geranie (Pelargonium zoonale/fulgidum); *2.* **Grotes/Wittes G.:** Geranie (Pelargonium macranthum)

Gesichterbloom: Stiefmütterchen (Viola tricolor), Dtm.

Gewitterkruut: Hauswurz (Sempervivum tectorum), Storm.

Gichtber: Schwarze Johannisbeere (Ribes nigrum), Pbg., Plön *[selten]*

Gien(en): Dahlie, Georgine (Dahlia variabilis), Wm., Itz., Prb.

Giersch: Giersch, Geißfuß (Aegopodium podagraria), FL

Giftberen: Schwarzer Nachtschatten (Solanum nigrum)

Giftschierling: Gefleckter Schierling (Conium maculatum),

Giftswamm: Fliegenpilz (Amanita muscaria)

Girts: Giersch, Geißfuß (Aegopodium podagraria), Ndtm.

Gnurrbaart: Binse (Juncus), Fehm.

Goden Heinerich: Guter Heinrich (Chenopodium bonus-henricus)

Goldbloom: *1.* Arnika, Wohlverleih (Arnica montana), Storm.; *2.* Klappertopf (Rhinantus serotinus/minor)

Goldknööp: KriechenderHahnenfuß (Ranunculus repens)

Goldlaak (Ang., Kk.), **Goldlack** (Rdsbg., Hus.), **Goldluck** (Bornh.), **Gollaak** [Goll-laak] (Ndtm.), **Gollenlaak** (Ang.), **Göllenlaak** (Schw.), **Gollock** [Goll-lock] (Sdtm., Bornh.), **Golluck** [Goll-luck] (Dtm.) *(meist Plural)*: Goldlack (Cheiranthus cheiri)

Goldref, *pl.* **Goldreben:** Goldregen (Laburnum), Dw., Kk.

Goldregen: Goldregen (Laburnum)

Goosblauf: Gänseblümchen, Maßliebchen (Bellis perennis), Ltjbg.

Goosbloof: Gänseblümchen, Maßliebchen (Bellis perennis), Neum.

Goosbloom: *1.* Gänseblümchen, Maßliebchen (Bellis perennis); *2.* Hundskamille (Anthemis arvensis), Schönkch.; *3.* Margerite, Weiße Wucherblume (Leucanthemum vulgare), Prb., Dw.; *4.* Gänse-Fingerkraut (Potentilla anserina), Ang.

Goosdießel: Gänse-Distel (Sonchus), Bornh.

Goosdoorn: Stechpalme (Ilex aquifolium), Eid.

Goosfleeder: Trauben-Holunder (Sambucus racemosa), Kk.

Gooskruut, Gööskruut: Gänse-Fingerkraut (Potentilla anserina)

Gork: Gurke (Cucumis sativus), Schlesw.

Gorpmuul: Löwenmaul (Antirrhinum majus), Ang.

Gösch: Giersch, Geißfuß (Aegopodium podagraria)

Gösselbloom: Gel G.: Stängellose Schlüsselblume (Primula vulgaris), Ltjbg.

Gottsgnadenkruut: *1.* Johanniskraut, Hartheu (Hypericum perforatum), Wh., Sh., Mh., Hü.; *2.* Gnadenkraut *[vereinzelt]* (Gratiola officinalis), Sgbg.

Gottshand: Knabenkraut (Dactylorhiza maculata/latifolia)

Grän: Rotfichte (Picea abies), Lbg.

Grana (Dtm., Prb., Fehm.)**, Graniel** (Dw., Schw., Ang.)**, Granium** (Dw., Schw., Ang.)**, Grano** (Dtm., Prb., Fehm.)**, Granum,** *pl.* **Granums** (Fehm.)**:** Storchschnabel (Geranium)

Grann: Rotfichte (Picea abies), Ang., Schwabst.

Gras: *1.* **blau G.:** Hirsen-Segge (Carex panicea); *2.* **Bunt G.:** Glanzgras (Phalaris arundinacea); *3.* **Engelsch G.:** Grasnelke (Armeria maritima); *4.* **Engelsch G.:** Glanzgras (Phalaris arundinacea), *5.* **Suur G.:** Segge (Carex)

Grasbloom: *1. auch* **Witte G.:** Große Sternmiere (Stellaria holostea); *2.* **Gele G.:** Wald-Goldstern (Gagea lutea)

Graslook: *1.* Schnittlauch (Allium schoenoprasum), Schlesw., Dtm.; *2.* Grasnelke (Armeria maritima), Dtm.; *3.* Glanzgras (Phalaris arundinacea), Dtm.

Grasnegel: *1.* Grasnelke (Armeria maritima); *2.* Heidenelke (Dianthus deltoides)

Grausophie: Garten-Salbei (Salvia officinalis), Schw., Ang.

Greet in Haarn, Greet in't Grön(e): Jungfer im Grünen (Nigella damascena)

Grieswichel: Grau-Weide (Salix cinerea), Sgbg.

Gröönkohl: Grünkohl (Brassica oleracea)

Grootbohn: Puffbohne (Vicia faba)

Grootmoder(s)bloom: Stiefmütterchen (Viola tricolor), Sschl., Dtm., Storm.

Grootmoder(s)kapp: Blauer Eisenhut (Aconitum napellus), Storm.

Grootmoder(s)mütz: Blauer Eisenhut (Aconitum napellus), Dtm.

Grossfootbusch: Gewöhnlicher Schneeball (Viburnum opulus), Bornh.

Grüttbloom: *1.* Sumpf-Baldrian (Valeriana dioica), Hü., Rdsbg.; *2.* Knöllchen-Steinbrech (Saxifraga granulata), Sgbg.; *3.* Acker-Hellerkraut (Thlaspi arvense), Sgbg.; *4.* Hungerblümchen (Erophila verna), Ranz., Mh., Oh.; *5.* Schafgarbe (Achillea millefolium), Mh., Oh., Dw., Sschl.; *6.* Hirtentäschelkraut (Capsella bursa pastoris), Mh., Oh., Schw.; *7.* Wiesen-Schaumkraut (Cardamine pratensis), Storm., Prb., Rdsbg.

Güllaa [Güll-laa] (Kh., Itz.,Dtm.), **Gullaak [Gull-laak]** (Schw.), **Güllaak [Güll-laak]** (Hohn), **Güllaat [Güll-laat]** (Dtm., Stap.), **Güllau [Güll-lau]** (Storm., Wm., Sdtm.), **Güllenlaak** (Schw., Ang., Pellw.), **Güllenlook** (Schw.), **Gülluck [Güll-luck]** (Dtm.) *(meist Plural)*: Goldlack (Cheiranthus cheiri)

Gurk: Gurke (Cucumis sativus)

Gustrum: Liguster (Ligustrum vulgare)

H

Haaböök: Hain-, Weißbuche (Carpinus betulus), Lbg.

Haadoorn: Weißdorn (Crataegus monogyna/oxyacantha)

Haadurn: Weißdorn (Crataegus monogyna/oxyacantha), Ang.

Haagdoorn: *1.* Weißdorn (Crataegus monogyna/oxyacantha), Holst., Bornh.; *2.* Hunds-Rose, Hecken-Rose (Rosa canina), Schönkch.

Haargras: Federgras (Stipa pennata)

Haarmoss (Holst.), **Haasmoss** (Kremp.): Acker-Schachtelhalm (Equisetum arvense),

Haarz: Sumpfsegge (Carex acutiformis), Eid.

Haber(n): Hafer (Avena sativa)

Häböök: Hain-, Weißbuche (Carpinus betulus)

Hacken: Gele H.: Kapuzinerkresse (Tropaeolum majus)

Hackenblaum: Kapuzinerkresse (Tropaeolum majus), Prb.

Hackspaan: Kapuzinerkresse (Tropaeolum majus), Eid.

Hackspaar/Hackspor: *1.* Rittersporn (Delphinium ajacis), Dtm.; *2.* Kapuzinerkresse (Tropaeolum majus), Dtm.

Hackspaaren/Hacksporen: Kapuzinerkresse (Tropaeolum majus), Eid., Dtm.

Hädoorn: Weißdorn (Crataegus monogyna/oxyacantha), Warder

Hagedoorn: Weißdorn (Crataegus monogyna/oxyacantha), Oh., Pellw.

Hahnböök: Hain-, Weißbuche (Carpinus betulus), Oldesloe

Hahnenklaap: Klappertopf (Rhinantus), Hü.

Hahnenkopp: *1.* Klappertopf (Rhinantus); *2.* Kreuzkraut, Stolzer Heinrich (Senecio vulgaris), Reinb.

Hahnfoot, *pl.* **–fööt:** Hahnenfuß (Ranunculus repens/flammula/u.a.)

Hahnhack, *pl.* **–hacken:** Kapuzinerkresse (Tropaeolum majus), Sgbg., Oldesloe

Hahnhacken: Kapuzinerkresse (Tropaeolum majus), Sgbg., Leezen

Hahnpotenbusch: Hunds-Rose, Hecken-Rose (Rosa canina)

Hahnswark: Vogelmiere (Stellaria media), Dtm.

Häkdoorn: Weißdorn (Crataegus monogyna/oxyacantha)

Halligbloom: Widerstoß (Limonium vulgare), Pellw.

Hallmoos (Prb.)**, Hallmoss** (Bramst.)**, Hallmuss** (Wm.)**:** Schachtelhalm (Equisetum arvense, *auch* silvaticum/pratense)

Hammock: Wald-Kälberkropf (Chaerophyllum silvestre), Westensee

Hamp: Hanf *[selten]* (Cannabis sativa)

Handbloom: Knabenkraut (Dactylorhiza), Ang., Flensb.

Han(ni)sber: Rote Johannisbeere (Ribes rubrum), Ang., Flensb.

Harrboom: Gewöhnlicher Schneeball (Viburnum opulus), Kk.

Harrmoss: Acker-Schachtelhalm (Equisetum arvense), Mh., Wm.

Hartboom: Feld-Ahorn (Acer campestre), Eutin

Harthekel: Hauhechel (Ononis), Lbg.

Hartmoss: Acker-Schachtelhalm (Equisetum arvense), Holst., Prb. *[veraltet]*

Hartriegel: Hauhechel (Ononis), Storm.

Hasel: Haselstrauch (Corylus avellana), Viöl, Rtzbg.

Hasenbloom (Storm.)**, Hasengras** (Ang.)**, Hasenhaar** (Storm.)**:** Feld-/Haar-Hainsimse (Luzula campestris/pilosa)

Hasenklee: Hasenklee (Trifolium arvense), Storm., Hohenw., Ang.

Hasenkleever: *1.* Sauerklee (Oxalis acetosella), Storm., Sgbg., Hohenw.: *2.* Hasenklee (Trifolium arvense)

Hasenkohl: *1.* Stranddistel (Eryngium maritimum), Fehm.; *2.* Wilde Malve (Malva sylvestris), Schönkch.

Hasenohr(en): Filziger Ziest (Stachys germanica), Storm., Bornh.

Hasenpoot: Hasenklee (Trifolium arvense)

Hassel: Haselstrauch (Corylus avellana)

Haver(n): *1.* Hafer (Avena sativa); *2.* **Doven H.:** Flughafer (Avena fatua), Holst.; *3.* **Lütten H.:** Kurzhafer (Avena brevis), Schenef.; *4.* **Rugen H.:** Sandhafer (Avena strigosa); *5.* **Wille H.:** Flughafer (Avena fatua); *6.* **Wille H.:** Roggentrespe (Bromus secalinus); *7.* **Wille H.:** Rot-Schwingel (Festuca rubra), Wm.

Haverbloom: Gras-Sternmiere (Stellaria graminea), Schönkch.

Havermeddel: Acker-Trespe (Bromus arvensis)

Heböök: Hain-, Weißbuche (Carpinus betulus)

Hecken: Trespe (Bromus secalinus/mollis), Nordfr.

Heddrik: Acker-Rettich, Hederich (Raphanus raphanistrum)

Heelbläd: Kriechender Günsel (Ajuga reptans), Rdsbg.

Heelböök: Hain-, Weißbuche (Carpinus betulus)

Heers(e): Giersch, Geißfuß (Aegopodium podagraria), Dtm.

Heerts: Giersch, Geißfuß (Aegopodium podagraria), Eid., Schw.

Hegel: Trespe (Bromus secalinus/mollis), Hus.

Heger: Trespe (Bromus secalinus/mollis), Stap., Ang., Wschl.

Hehneke: Strandsimse (Scirpus maritimus), Storm.

Hehnk: Strandsimse (Scirpus maritimus), Dtm.

Heid: *1.* Glockenheide (Erica tetralix); *2.* Besenheide (Calluna vulgaris)

Heidber: Krähenbeere (Empetrum nigrum), Wh., Wschl.

Heidbloom: *1.* Glockenheide (Erica tetralix) *2.* **Gel H.:** Blutwurz (Potentilla erecta), Storm.

Heiddoorn: Englischer Ginster (Genista anglica), Dtm., Storm., Pbg.

Heideber: Krähenbeere (Empetrum nigrum), Ang., Viöl, Sschl.

Heidecker: *1.* Blutwurz (Potentilla erecta), Mh., Ndtm.; *2.* Buchweizen (Polygonum fagopyrum), Ang.

Heidegger: Blutwurz (Potentilla erecta), Bramst.

Heidelber: Krähenbeere (Empetrum nigrum), Hohn

Heidoorn: *1.* Hauhechel, dornige (Ononis spinosa), Storm., Fehm.; *2.* Englischer Ginster (Genista anglica), Dtm., Storm., Pbg.

Hek(s)kruut: *1.* Schmalblättriger Merk (Sium angustifolium), Hü.; *2.* Krebsschere (Stratiotes aloides)

Hekblatt: *1.* Froschlöffel (Alisma), Eid.; *2.* Laichkraut (Potamogeton), Ahrenviöl

Helm: Gewöhnlicher Strandhafer (Ammophila arenaria), Eid., Wschl.

Hemmock, Hemmoll: Knolliger Kälberkropf (Chaerophyllum bulbosum), Prb.

Hemp: Hanf (Cannabis sativa)

Henn: Strandsimse (Scirpus maritimus), Elbm., Storm.

Hennje: Strandsimse (Scirpus maritimus), Dtm.

Hennop: Hanf (Cannabis sativa), Hü.

Hesenettel: Kleine Brennnessel (Urtica urens), Bornh., Dw.

Hewerrood: Eberraute (Artemisia abrotanum), Fehm.

Hexenbessen: Weiße Lichtnelke (Silene alba), Ndtm.

Hexendoorn: Purgier-Kreuzdorn (Rhamnus cathartica), Storm., Kk.

Hexenkohl: Wiesen-Bärenklau (Heracleum sphondylium), Schw.

Hexenkruut: Blauer Wachtelweizen (Melampyrum nemorosum), Schmalensee *(absterbend)*

Hexenmehl: Großer Bovist (Lycoperdon bovista), Wh.

Hexensporn: Zweizahn (Bidens tripartita/cernua), Ndtm.

Hiazint: Graue H.: Blaues Träubelchen, Perlhyazinthe (Muscari botryoides)

Hiddelnettel: Kleine Brennnessel (Urtica urens), Storm., Kk., Sgbg., Prb.

Hiddernettel: Kleine Brennnessel (Urtica urens), Sh., Hus., Prb., Kiel, Plön, Sgbg.

Hill(eboom), Hillebuum: Schwarzer Holunder (Sambucus nigra), Nordfr.

Hillernettel: Kleine Brennnessel (Urtica urens), Storm.

Himber(n): Himbeere (Rubus idaeus)

Himmelssloetel: *1.* Schlüsselblume (Primula), Sschl.; *2.* Schwarze Königskerze (Verbascum nigrum), Schlesw.

Hinbern: Himbeere (Rubus idaeus), Barmst., westl. Mh., Schönkch., FL

Hingenbern: Himbeere (Rubus idaeus), Kk.

Hinjerbern: Himbeere (Rubus idaeus), Hü.

Hinnerk: *1.* **Stolten H.:** Kreuzkraut, Stolzer Heinrich (Senecio vulgaris) *2.* **Witten H.:** Gänsefingerkraut (Potentilla anserina), Prb.

Hinnernettel: Kleine Brennnessel (Urtica urens), Schönkch.

Hirsch: Giersch, Geißfuß (Aegopodium podagraria), Ndtm.

Hirsenettel: Kleine Brennnessel (Urtica urens), FL

Hirts: Giersch, Geißfuß (Aegopodium podagraria), Ndtm., Eid.

Hittnettel: Kleine Brennnessel (Urtica urens), Ndtm., Prb.

Hoehnk: Strandsimse (Scirpus maritimus)

Hoffmannsrood (Kk.), **Hoffrau** (Sgbg.), **Hoffraut** (Reinf.), **Hoffrood** (Dtm., Storm., Kk., Schwabst., Eid.), **Hoffrooj** (Wm.), **Hoffroon** (Hü.), **Hoffruu** (Kh.), **Hoffruuk** (Storm.), **Hoffruurt** (Föhr): Eberraute (Artemisia abrotanum)

Hoffsleh (FL), **Hoffslehn** (Sgbg.), **Hoffslöhn** (Elbm., Rdsbg.): Haferpflaume, Kriechenpflaume (Prunus insititia)

Höhnerdarm: Vogelmiere (Stellaria media), Sgbg., Hohenw.

Höhnergras: Feldspark, Spörgel (Spergula arvensis), Schlesw.

Höhnerkruut (Ang.), **Höhnermier** (Schw., Lbg.), **Höhnermierken** (Kk.), **Höhnersner** (Ang.), **Höhnerspark** (Ntdm.), **Höhnerswalk** (Dtm.), **Höhnerswark** (Dtm., Mh., Storm.), **Höhnerswarm** (Holst., Hü., Stap.), **Höhnerswarp** (Ndtm. *vereinzelt*): Vogelmiere (Stellaria media)

Hölkappel: Wilder Apfelbaum (Malus sylvestris), Sgbg., Storm.

Hölkedoorn: Stechpalme (Ilex aquifolium)

Hollermann: Gundermann (Glechoma hederacea), Prb.

Höllmützen: Blauer Eisenhut (Aconitum napellus), Dw.

Hollruss: Schachtelhalm (Equisetum limosum/palustre)

Holtappel: Wilder Apfelbaum (Malus sylvestris)

Holtbloom, Witte H.: Busch-Windröschen (Anemone nemorosa), Ang.

Holtmeddel: Sumpf-Reitgras, Lanzettliches Reitgras (Calamagrostis canescens), Kk.

Höltsen: Stechpalme (Ilex aquifolium), Ahrenviöl

Honnigbloom: *1.* Geißblatt (Lonicera); *2.* Himmelsleiter (Polemonium coeruleum), Sgbg.

Honniggras: Wolliges Honiggras (Holcus lanatus)

Honnigmeddel: Wolliges Honiggras (Holcus lanatus), Sgbg., Kk.

Hooflörken: Huflattich (Tussilago farfara), FL

Hoppen: Hopfen (Humulus lupulus)

Hoppenber: Schwarze Johannisbeere (Ribes nigrum), Pbg.

Hoppepeerbloom: Hohler Lerchensporn (Corydalis cava), Sgbg.

Hörkappel: Wilder Apfelbaum (Malus sylvestris), Schönkch.

Horri(n)g: Sumpfsegge (Carex acutiformis), Nordseeküste

Hule: Schwarzer Holunder (Sambucus nigra), Ang.

Hülkentülken: Gewöhnlicher Schneeball (Viburnum opulus), Ang.

Huls, Hüls: Stechpalme (Ilex aquifolium)

Hülsendoorn: *1.* Stechginster (Ilex europaeus), Holst. *[vereinzelt]*; *2.* Stechpalme (Ilex aquifolium), Ang., Dw.

Hummelnettel: Weiße Taubnessel (Lamium album), Sgbg.

Hundsroos: Hunds-Rose, Hecken-Rose (Rosa canina), Hü.

Hundtollen: Rasen-Schmiele (Deschampsia caespitosa), Hus.

Hungerbloom: *1.* Hungerblümchen (Erophila verna), Hü.; *2.* Kornblume (Centaurea cyanus), Nordfr.

Hunnenbern: Faulbaum (Rhamnus frangula), Storm., Ranz.

Hunnenbloom: *1.* Hundskamille (Anthemis arvensis), Fehm., Sgbg., Kk., Reinbek; *2.* Wiesen-Löwenzahn (Taraxacum officinale); *3.* Gänseblümchen, Maßliebchen (Bellis perennis), Kk.; *4.* Huflattich (Tussilago farfara), Sgbg. *[vereinzelt]*; *5.* Margerite, Weiße Wucherblume (Leucanthemum vulgare), Storm., Sgbg.

Hunnenbusch: Mannaschwaden (Glyceria fluitans), Dtm.

Hunnenkamell: Hundskamille (Anthemis arvensis), FL, Plön, Kk.

Hunnenkruut: Wiesen-Löwenzahn (Taraxacum officinale), Elmsh.

Hunnenmöösch(en): Wald-Labkraut (Galium sylvaticum), Storm., Mh., Hü.

Hunnenstock: *1.* Hundskamille (Anthemis arvensis), Wm.; *2.* Margerite, Weiße Wucherblume (Leucanthemum vulgare), Sdtm.

Hunnentollen: Rasen-Schmiele (Deschampsia caespitosa), Hus.

Hunnentung: *1.* Hundszunge (Cynoglossum officinale), Kk., Rdsbg.; *2.* Spitzwegerich (Plantago lanceolata), Storm.; *3.* Guter Heinrich (Chenopodium bonus-henricus), Prb.

Huuslaak (FL, Plön., Schönkch.)**, Huusloch** (Storm.)**, Huusloh** (Lbg.)**, Huuslook, Huuslöök** (Nordfr.)**, Huusluk** (Pellw., Schw.): Hauswurz (Sempervivum tectorum)

I

Ibenloh: Efeu (Hedera helix), Storm., Sgbg.

Ibenloof: Efeu (Hedera helix)

Ieper(nboom): Feld-Ulme (Ulmus campestris)

Iesbloom: *1.* Mittagsblume (Mesembryanthemum crystallinum); *2.* Perlpfötchen (Antennaria margaritacea), Dtm.; *3.* Fetthenne (Sedum), Schw.

Iesenhart: *1.* Eisenkraut (Verbena officinalis), Storm.; *2.* Blutweiderich (Lythrum salicaria), Storm.

Iesenkruut: Eisenkraut (Verbena officinalis)

Ieskruut: Mittagsblume (Mesembryanthemum crystallinum), Wm.

Ihlgras: Segge (Carex), Hus.

Ilenbloom: Sumpf-Herzblatt (Parnassia palustris), Storm., Hü.

Iloh: *1.* Efeu (Hedera helix), Holst.; *2.* Kolben-Bärlapp (Lycopodium clavatum), Storm.

Iloof: Efeu (Hedera helix)

Immenbloom: *1.* Gewöhnliches Lungenkraut (Pulmonaria officinalis), Dw.; *2.* Wiesen-Löwenzahn: (Taraxacum officinale), Sschl., Mschl.; *3.* Mädesüß (Filipendula ulmaria), Wh.

Inkenkruut: Wasserlinse (Lemna minor), Dtm.

J

Jadüvel: Johanniskraut, Hartheu (Hypericum perforatum), Schönkch., Prb.

Jägertasch: Hirtentäschelkraut (Capsella bursa pastoris), Sdtm.

Jappenber: Schwarze Johannisbeere (Ribes nigrum), Pbg.

Jappop: Löwenmaul (Antirrhinum majus), Wm., Pbg., Storm., Hü.

Jark: Feldspark, Spörgel (Spergula arvensis), Dtm., Pbg., Bramst., Hü.

Jarr: *1.* Feldspark, Spörgel (Spergula arvensis), Storm.; *2.* **Krusen J.:** Knäuel (Scleranthus), Storm., Hü.

Jasmin: Jasmin (Jasminum officinale)

Jelängerjeleever: Kapuzinerkresse (Tropaeolum majus), Schw., Ndtm.

Jerr: *1.* Feldspark, Spörgel (Spergula arvensis), Storm.; *2.* **Krusen J.:** Knäuel (Scleranthus)

Jesu-Wundenbloom: Johanniskraut, Hartheu (Hypericum perforatum), Ndtm.

Jeuß: Giersch, Geißfuß (Aegopodium podagraria), Storm.

Jichtber: Schwarze Johannisbeere (Ribes nigrum), Sgbg., Storm., Dtm.

Jiersch: Giersch, Geißfuß (Aegopodium podagraria), Sgbg.

Jirr: Feldspark, Spörgel (Spergula arvensis), Storm.

Jittbaart: Bocksbart (Tragopogon pratensis), Ndtm., Stap.

Jittenbult: Schafschwingel (Festuca ovina), Schw.

Jöch: Borstengras (Nardus stricta), Ang.

Jödüvel: Johanniskraut, Hartheu (Hypericum perforatum)

Johanniskruut: *1.* Johanniskraut, Hartheu (Hypericum perforatum), Ndtm. *2.* Große Fetthenne (Sedum telephium); *3.* Rote Fetthenne (Sedum purpureum), Bramst.

Johannislooch, Johannisloof: Große Fetthenne (Sedum telephium), Stap., Dtm., Föhr.

Johannissloetel: Große Fetthenne (Sedum telephium), Stap., Dtm.

Johannsber: Rote Johannisbeere (Ribes rubrum)

Jöösch: Giersch, Geißfuß (Aegopodium podagraria), Sgbg., Storm.

Jörs: Giersch, Geißfuß (Aegopodium podagraria), Dtm., Storm.

Jörsquek: Giersch, Geißfuß (Aegopodium podagraria), Holst.

Judenbaart: *1.* **(groten) J.:** Kriechender Steinbrech (Saxifraga sarmentosa), Dtm., Stap., Pellw.; *2.* **(lütten) J.:** Zymbelkraut (Cymbalaria muralis)

Judenbloom: Ringelblume (Calendula officinalis)

Judenkapp: Blauer Eisenhut (Aconitum napellus), Stap.

Judenkirsch: Kornelkirsche (Cornus mas), Sh.

Judenmütz: Blauer Eisenhut (Aconitum napellus), Stap., Storm.

Judennelk: *1.* Studentenblume (Tagetes patula), Dtm.; *2.* Samtblume (Tagetes erecta), Dtm.

Judenpuus: Glockenblume (Campanula), Wm.

Judensnuten: Kapuzinerkresse (Tropaeolum majus), Rdsbg., Pbg., Kh., Krempe

Judensnuut: Kapuzinerkresse (Tropaeolum majus), Hohenw., Rdsbg., Pbg., Neum.

Judenspeck: Schwanenblume, Wasserliesch (Butomus umbellatus), Fehm.

Jumfer: *1.* **Blaue J.:** Blaues Träubelchen, Perlhyazinthe (Muscari botryoides), Dtm.; *2.* **Lange J.:** Rittersporn (Delphinium ajacis), Storm., Bornh.; *3.* **Nakelte J.:** Porzellanblümchen (Saxifraga umbrosa), Storm.; *4.* **Nakelte J.:** Blaues Träubelchen, Perlhyazinthe (Muscari botryoides), Storm.

Jumfer in't Gröne: Jungfer im Grünen (Nigella damascena)

Jumfer kiek oever'n Tuun: Kapuzinerkresse (Tropaeolus majus)

Jumfernroos: Zentifolie, Pfingstrose (Rosa centifolia minor/cinnamonea)

Jürs: Giersch, Geißfuß (Aegopodium podagraria), Storm.

K

Kaaksuur: Großer Ampfer (Rumex acetosa), Wm.

Kackelasuur: Großer Ampfer (Rumex acetosa), Kh.

Kadeküül: Breiter Rohrkolben (Typha latifolia), Glückst.

Kaffebloom: Himmelsleiter (Polemonium coeruleum), Elmsh., Dtm.

Kaffeboom: Goldregen (Laburnum), Ang.

Kaiserbloom: Kornblume (Centaurea cyanus)

Kaiserkroon: Kaiserkrone (Fritillaria imperialis)

Kakesuur: Großer Ampfer (Rumex acetosa), Holst.

Kalfswuttel: Kalmus (Acorus calamus), Wm.

Kalküül: Breiter Rohrkolben (Typha latifolia), Kh.

Kalm(u)s: Kalmus (Acorus calamus), Nordseeküste

Kalverbloom: Gänseblümchen, Maßliebchen (Bellis perennis), Stap.

Kalverkropp: *1.* Wiesen-Kerbel (Anthriscus sylvestris); *2.* Knolliger Kälberkropf (Chaerophyllum bulbosum)

Kalverkruut: *1.* Wiesen-Kerbel (Anthriscus sylvestris); *2.* Knolliger Kälberkropf (Chaerophyllum bulbosum)

Kamell(en): *1.* Kamille (Matricaria chamomilla); *2.* Acker-Hundskamille (Anthemis arvensis); *3.* **Römsche K.:** Mutterkraut (Tanacetum parthenium)

Kammbloom: *1.* Acker-Hundskamille (Anthemis arvensis), Dtm.; *2.* Margerite, Weiße Wucherblume (Leucanthemum vulgare), Ndtm.

Kammeliensaat: Leindotter (Camelina sativa), Sdtm.

Kammgras: Wiesen-Kammgras (Cynosurus cristatus)

Kaneelbloom: Blauer Flieder (Syringa vulgaris), Dtm., Storm.

Kaninkenhaver: Sandhafer (Avena strigosa), Wm., Hohenw.

Kaninkenkruut: Wiesen-Löwenzahn (Taraxacum officinale), Flensb.

Kannbloom: Wucherblume (Chrysanthemum), Dtm.

Kannenkruut: Sumpf-Schachtelhalm (Equisetum palustre), Pbg., Storm.

Kantüffelbloom: Pantoffelblume (Calceolaria)

Kantüffelkruut: Scharbockskraut, Feigwurz (Ranunculus ficaria), Elmsh.

Karkensloetel: Echte Schlüsselblume (Primula veris)

Karmswuttel, Karnswuttel: Kalmus (Acorus calamus)

Kassbernboom: Sauerkirsche (Prunus cerasus)

Kastangel, Kastana (Ang.), **Kastandel** (Nordfr.), **Kastang** (Oh., Wm., Sdtm.), **Kastani** (Pellw., Nordfr.), **Kastanje** (Dtm.), **Kastannel** (Ang.): Roßkastanie (Aesculus hippocastanum)

Katernettel: Kleine Brennnessel (Urtica urens), Stap., Rdsbg., Hohenw.

Kattbloom: Echte Schlüsselblume (Primula veris), Hus.

Kattei: Bovist *[solange er weiß ist]* (Lycoperdon gemmatum/bovista), Hus., Ang.

Katteküül: Breitblättriger Rohrkolben (Typha latifolia), Kremp.

Kattenbaart: *1.* Borstengras (Nardus stricta); *2.* Rasen-Schmiele (Deschampsia caespitosa), Hus.

Kattenbloom: *1.* Rote Taubnessel (Lamium purpureum), Fehm.; *2.* Echte Schlüsselblume (Primula veris), Hus.

Kattengesicht: Mädchenauge (Coreopsis bicolor), Rdsbg.

Kattenkees: Weg-Malve (Malva neglecta), Storm., Dtm., Fehm., Hü., Ang., Flensb.

Kattenkleever: Hasenklee (Trifolium arvense), Holst.

Katt(en)krall(en): Weg-Malve (Malva neglecta)

Katt(en)krell(en): Weg-Malve (Malva neglecta), Schw., Ang.

Kattenkruut: Echter Baldrian (Valeriana officinalis), Dtm.

Kattenküül(en): Breitblättriger Rohrkolben (Typha latifolia), Dtm., Wm., Itz., Elmsh., Storm., Lbg., Plön., Rdsbg., Eck., Hus., Hü.

Kattensteert: Schwarze Königskerze (Verbascum nigrum), Sgbg., Hü.

Kattenswans: *1.* Knöterich (Polygonum); *2.* Großblütige Königskerze (Verbascum densiflorum), Storm.

Katt(en)tee: Wilde Malve (Malva sylvestris), Flensb., Ang.

Kattküül(en): Breitblättriger Rohrkolben (Typha latifolia), Dtm., Eid., Hus., Schwabst., Börmerk., Hü., Rdsbg.

Kattsküül: Breitblättriger Rohrkolben (Typha latifolia), Dtm.

Kattstört: Blauer Flieder (Syringa vulgaris), Föhr, Amrum

Keddik: Breitblättriger Rohrkolben (Typha latifolia)

Kedding: Breitblättriger Rohrkolben (Typha latifolia), Wm.

Kedenbloom: Wiesen-Löwenzahn (Taraxacum officinale)

Kedig: Teichsimse (Scirpus lacustris), Oldbg.

Keesbloom: Wilde Malve/Weg-Malve (Malva sylvestris/neglecta)

Keeskruut: Wilde Malve/Weg-Malve (Malva sylvestris/neglecta), Wm.

Keespappel: Weg-Malve (Malva neglecta), Ang.

Kelk: *1.* Wasser-Schwertlilie (Iris pseudacorus), Bramst.; *2.* Rohrkolben (Typha latifolia/angustifolia)

Kellwichel: Bruch-Weide (Salix fragilis)

Kemm: Wiesen-Kümmel (Carum carvi), Fehm.

Kerk: *1.* Teichsimse (Scirpus lacustris), Hü.; *2.* Rohrkolben (Typha latifolia/angustifolia); *3.* **Breed K.:** Breitblättriger Rohrkolben (Typha latifolia), FL

Ketelkruut: Schachtelhalm (Equisetum arvense u.a.)

Ketje: Acker-Rettich, Hederich (Raphanus raphanistrum)

Ketk: Breitblättriger Rohrkolben (Typha latifolia), Lbg.

Kettig: Breitblättriger Rohrkolben (Typha latifolia), Nordfr.

Keuk: *1.* Acker-Rettich, Hederich (Raphanus raphanistrum), Storm.; *2.* Acker-Senf (Sinapis arvensis), Storm.

Kiekut'nbusch: Kapuzinerkresse (Tropaeolum majus), Elmsh.

Kienpoost: Gagel (Myrica gale), Wh.

Kiewittsbloom: *1.* Wiesen-Schaumkraut (Cardamine pratensis), Storm., Wm., Kk., Rdsbg., Dtm., Stap., Hü., Fehm.; *2.* Kriechender Günsel (Ajuga reptans), Storm., Sgbg.; *3.* Blaues Fettkraut (Pinguicula vulgaris), Hü.; *4.* Stiefmütterchen (Viola tricolor), Dtm.; *5.* Kuckucks-Lichtnelke (Lychnis flos cuculi), Bramst.; *6.* Steinbrech (Saxifraga), Fehm.

Kiewittsei: Schachblume (Fritillaria meleagris), Hus., Kollmar, Sgbg.

Kiewittsstohl: Möhre (Daucus carota), Sgbg.

Kiewittssuur: Sauerklee (Oxalis acetosella), Hohn

Kirk: Acker-Rettich, Hederich (Raphanus raphanistrum)

Kitt: Breitblättriger Rohrkolben (Typha latifolia), Pellw

Kittig: Breitblättriger Rohrkolben (Typha latifolia), Nordfr.

Klaak: Klappertopf (Rhinantus), Rdsbg., Mschl.

Klaap: Klappertopf (Rhinantus), Sh., Mh., Dtm., Stap., Hü.

Klaken(bloom): *1.* Bach-Nelkenwurz (Geum rivale); *2.* Akelei (Aquilegia vulgaris)

Klappbusch: Klette (Arctium lappa), Eid.

Klappküül: Breitblättriger Rohrkolben (Typha latifolia), Hohn, Stap., Hü., Ang., Mh.

Klatt: Klette (Arctium lappa), *selten*

Kleesied: Quendel-Seide (Cuscuta epithymum), Mh.

Kleever: Klee (Trifolium)

Kleeverbloom: Klee (Trifolium), Dtm.

Kleeverboom: Goldregen (Laburnum), Schönkch.

Kleeverkukesuur: Sauerklee (Oxalis acetosella), Kk.

Kleeversuur: Sauerklee (Oxalis acetosella), Storm.

Kleidoorn: Hunds-Rose, Hecken-Rose (Rosa canina) Fehm.

Kletsch: Echte Schlüsselblume (Primula veris), Prb.

Klev: Klette (Arctium lappa)

Klever: Klette (Arctium lappa), Flensb.

Klevluus: Klette (Arctium lappa), Hus., Stap., Hü., Storm., Dtm.

Klevnelk: Pechnelke (Lychnis viscaria), Prb.

Klief: Klette (Arctium lappa)

Klingt: Kornrade (Agrostemma githago), Nordfr., Stap., Ang., Schw.

Klöcken: Echte Schlüsselblume (Primula veris), Fehm.

Klocken(bloom): *1.* Bach-Nelkenwurz (Geum rivale), Sgbg., Pbg., Hü., Stap.; *2.* Akelei (Aquilegia vulgaris), Storm., Mh., Dtm., Stap., Hü., Pellw.; *3.* Glockenblume (Campanula), Dtm., Dw., Schw.

Klockenheid: Glockenheide (Erica tetralix), Mh.

Klöcker: Glockenblume (Campanula), Storm.

Klöckern: Akelei (Aquilegia vulgaris), Storm.

Kloeterbusch: Haselstrauch (Corylus avellana), Holst.

Kloop: Hohlzahn (Galeopsis speciosa)

Klopp: Klappertopf (Rhinantus), Mh., Stap.

Kluufnegel: Bartnelke (Dianthus barbatus), Bornh.

Kluus: Klette (Arctium lappa), Ndtm.

Klüüs: Klette (Arctium lappa), Eid., Stap.

Kluußnegel: Bartnelke (Dianthus barbatus)

Kluusternegel(k): *1.* Bartnelke (Dianthus barbatus); *2.* Büschelnelke (Dianthus armeria)

Kluusternelk: *1.* Bartnelke (Dianthus barbatus); *2.* Büschelnelke (Dianthus armeria)

Kluutnegel(k): Bartnelke (Dianthus barbatus), Hü.

Knackber: Schneebeere (Symphoricarpus racemosa), Dtm.

Knackblaas: *1.* Aufgeblasenes Leimkraut (Silene cucubalus); *2.* Taubenkropf (Cucubalus baccifer), Schlesw.

Knackbloom: *1.* Springkraut (Impatiens nolitangere), Sgbg.; *2.* Glockenblume (Campanula), Kh.

Knacker: *1.* Dornige Hauhechel (Ononis spinosa), Hus.; *2.* Blasentang (Fucus vesiculosus), Pellw.

Knackmandel: Englischer Ginster (Genista anglica), Hü.

Knackwied: Bruch-Weide (Salix fragilis), Dtm.

Knaulgras: Knäuelgras (Dactylis glomerata), Kh., Eck.

Kneegras: Feldspark, Spörgel (Spergula arvensis), Holst.

Kneen: Wasserpfeffer (Polygonum hydropiper), Storm.

Knobblook: Knoblauch (Allium sativum), Kk.

Knoflook: Knoblauch (Allium sativum)

Knööp: *1.* Rainfarn (Tanacetum vulgare), Wschl., Dtm., Fehm., Dw.; *2.* Acker-Rettich, Hederich (Raphanus raphanistrum), Fehm:; **3. Gel(e) K.:** Kriechender Hahnenfuß (Ranunculus repens), Holst.; **4. Gollen K.:** Kriechender Hahnenfuß (Ranunculus repens), Dtm., Stap., Hü., Ang.

Knoopbloom: Kriechender Hahnenfuß (Ranunculus repens), Dtm., Hus.

Knoopkruut: Rainfarn (Tanacetum vulgare)

Knufflook: Knoblauch (Allium sativum)

Knüllbloom: Gänseblümchen, Maßliebchen (Bellis perennis), Mh., Storm.

Knüttgras: Feldspark, Spörgel (Spergula arvensis), Holst.

Knuuflook: Knoblauch (Allium sativum)

Köck: *1.* Acker-Rettich, Hederich (Raphanus raphanistrum), Lbg.; *2.* Acker-Senf (Sinapis arvensis), Lbg.

Koem: Wiesen-Kümmel (Carum carvi)

Koembloom: Johanniskraut, Hartheu (Hypericum perforatum), Prb.

Koemkruut: Wiesen-Kümmel (Carum carvi), Storm., Stap.

Koetge: *1.* Acker-Rettich, Hederich (Raphanus raphanistrum), Holst.; *2.* Acker-Senf (Sinapis arvensis), Holst.

Koetje(r): *1.* Acker-Rettich, Hederich (Raphanus raphanistrum), Stap., Eid.; *2.* Acker-Senf (Sinapis arvensis), Stap., Eid.

Kohbloom: *1.* Wiesen-Löwenzahn (Taraxacum officinale), Fehm., Sgbg.; *2.* Gift-Hahnenfuß (Ranunculus sceleratus); *3.* Gänseblümchen, Maßliebchen (Bellis perennis) Ndtm.; *4.* Sumpf-Dotterblume (Caltha palustris)

Kohdood: *1.* Acker-Schachtelhalm (Equisetum arvense), Dtm., Schlesw.; *2.* Sumpf-Schachtelhalm (Equisetum palustre), Dtm., Schlesw.

Kohfladder: Huflattich (Tussilago farfara), Elmsh.

Kohfuul: Wasserlinse (Lemna minor), Hohn

Kohgras: Wiesenklee (Trifolium pratense), Eid., Dtm.

Kohhacken: Kapuzinerkresse (Tropaeolum majus), Kk., Sgbg., Oldesl., Rdsbg., Südwschl.

Kohl: *1.* **Dänschen K.:** Weißer Gänsefuß (Chenopodium album), Mh., Schw.; *2.* **Krusen K.:** Wucherblume (Chrysanthemum), Storm.; *3.* **Krusen K.:** Rainfarn (Tanacetum vulgare) Dtm.

Kohlöök: Sumpf-Dotterblume (Caltha palustris)

Konfall: Maiglöckchen (Convallaria majalis), Eid.

Konfaller: Maiglöckchen (Convallaria majalis), Eid., Flensb.

Königsbloom: Lungen-Enzian (Gentiana pneumonanthe), Hü., Itz.

Koogheid: Roter Zahntrost (Odontites vulgaris), Nordfr.

Köök: *1.* Acker-Rettich, Hederich (Raphanus raphanistrum); *2.* Acker-Senf (Sinapis arvensis)

Koppraa: Kornrade (Agrostemma githago), Lbg.

Koppwehkruut: Reiherschnabel (Erodium cicutarium)

Kopp(weh)bloom: Jasmin (Philadelphus coronarius), Dtm., Storm.

Korall: Blaues Träubelchen, Perlhyazinthe (Muscari botryoides), Storm., Stap.

Körbs: Kürbis (Cucurbita pepo), Holst.

Korfwichel: Korb-Weide (Salix viminalis)

Kornbloom: *1.* Kornblume (Centaurea cyanus); *2.* Kornrade (Agrostemma githago), Mh.

Kornschrangel: *1.* Floh-Knöterich (Polygonum persicaria), Viöl; *2.* Ampfer-Knöterich (Polygonum lapathifolium), Föhr, Schleswigsche Westküste

Köttj: *1.* Acker-Rettich, Hederich (Raphanus raphanistrum), Nordfr.; *2.* Acker-Senf (Sinapis arvensis), Nordfr.

Krallen: Blaue K.: Blaues Träubelchen, Perlhyazinthe (Muscari botryoides), Wankendf.

Krammber: *1.* Moosbeere (Vaccinium oxycoccus); *2.* Preiselbeere (Vaccinium vitis-idaea), Sdtm., Pbg., Wm. *[vereinzelt]*

Krampber: Moosbeere (Vaccinium oxycoccus), Storm.

Kramsber: Moosbeere (Vaccinium oxycoccus), Hohn

Kranber: Kratzbeere (Rubus caesius), Sgbg.

Kranium, *pl.* **Kranien:** Storchschnabel (Geranium), Hohn, Dtm.

Krannber: Moosbeere (Vaccinium oxycoccus), Sgbg.

Kransber: Moosbeere (Vaccinium oxycoccus), Stap., Dtm.

Krastangel: Roßkastanie (Aesculus hippocastanum), Prb.

Kratzberbusch: Kratzbeere (Rubus caesius) *(vereinzelt)*

Kreek, Kreet (Dtm., Storm., Lbg.), **Kreetel** (Storm.), **Kreetenplumm** (Storm.): Haferpflaume, Kriechenpflaume (Prunus insititia)

Kreftscher: Krebsschere (Stratiotes aloides), Hohenw.

Kreihenber: Krähenbeere (Empetrum nigrum), Ang.

Kreihenbloom: Stiefmütterchen (Viola tricolor), Bornh.

Kreihendoorn: *1.* Feld-Hauhechel (Ononis campestris), Storm.; *2.* Dornige Hauhechel (Ononis spinosa), Ang., Flensb.

Kreihenfoot: *1.* Blauer Eisenhut (Aconitum napellus), Stap., Rdsbg.; *2.* Giersch, Geißfuß (Aegopodium podagraria), Stap., Hü., Wm.; *3.* Kolben-Bärlapp (Lycopodium clavatum), Storm.; *4.* Beifuß (Artemisia vulgaris)

Kreihenföötjen: Stiefmütterchen (Viola tricolor), Kremp., Pbg., Bornh.

Kreihenkopp (Storm.), **Kreihenkropp** (Pbg.): Sumpf-Ziest (Stachys palustris),

Kreik (Storm.), **Krek** (Kk., Schw.): Haferpflaume, Kriechenpflaume (Prunus insititia)

Krent: Ampfer-Knöterich/Floh-Knöterich (Polygonum lapathifolium/persicaria), Hü., Hohn

Krentenbusch: Alpen-Johannisbeere (Ribes alpinum), Hü.

Krick: Kirschpflaume (Prunus cerasifera), Embühren

Krintenboom (Kk.), **Krintenbusch** (Sgbg.): Alpen-Johannisbeere (Ribes alpinum)

Kristandel (Flensb.), **Kristangel** (Sgbg., FL., Prb., Fehm.), **Kristannel** (Schw.): Roßkastanie (Aesculus hippocastanum)

Kristibloodbloom: Johanniskraut, Hartheu (Hypericum perforatum), Ndtm.

Kroonsber: Preiselbeere (Vaccinium vitis-idaea)

Krukenbloom: Glockenheide (Erica tetralix), Dtm.

Krull-Lilg: Türkenbund-Lilie (Lilium martagon)

Krummhals: Acker-Ochsenzunge (Anchusa arvensis)

Krüpelbohn (Hü.), **Krüperbohn** (Sgbg., Schw.), **Krüperwicken** (Prb.): Schnitt-, Brechbohnen (Phaseolus vulgaris)

Krusafee: Wiesen-Salbei (Salvia pratensis), Kh.

Krusamünt: Krause Minze (Mentha spicata crispata), Kh.

Krusefie: *1.* Krause Minze (Mentha spicata crispata), Dtm., Eid.; *2.* Wiesen-Salbei (Salvia pratensis), Dtm.

Krüsefie: Wiesen-Salbei (Salvia pratensis), Dtm., Schw.

Krusemünt, Krüsement (Mh., Oh.), **Krüsemünt** (Storm.), **Krüsermint** (Wm.): Krause Minze (Mentha spicata crispata)

Krusenaawold: Feld-Ahorn (Acer campestre), Dw.

Krusensofie: Wiesen-Salbei (Salvia pratensis), Dtm.

Kruserfie, Krusofie: Wiesen-Salbei (Salvia pratensis), Fehm.

Krüsermünt: *1.* Krause Minze (Mentha spicata crispata), Dtm., Dw.; *2.* **Will K.:** Acker-Minze (Mentha arvensis), Kk.

Krustangel: Roßkastanie (Aesculus hippocastanum), Sdtm.

Krüsterment: Krause Minze (Mentha spicata crispata), Hü., Storm.

Kruup: Kletten-Labkraut (Galium aparine), Pellw.

Kruupbohn, Krüüpbohn (Wm., Kk.): Schnitt-, Brechbohnen (Phaseolus vulgaris)

Krüüptorscharfen *(pl.)*: Schnitt-, Brechbohnen, Türkische Erbsen (Phaseolus vulgaris), Wm.

Kruupwichel: Kriech-Weide (Salix repens)

Krüüs: *1.* Krause Minze (Mentha spicata crispata), Föhr; *2.* **Willj K.:** Strand-Beifuß (Artemisia maritima), Föhr

Kruusaabel: Feld-Ahorn (Acer campestre), Oh.

Kruusaawel: *1.* Feldahorn (Acer campestre); *2.* Korkartige Feld-Ulme (Ulmus campestris var. suberosa), Warder

Kruusaawok: Feld-Ahorn (Acer campestre), Prb.

Kruusepeldurn: Feld-Ahorn (Acer campestre), Lbg., FL.

Kruussofie: Wiesen-Salbei (Salvia pratensis), Eid.

Kruutschenbläd: Schwimmendes Laichkraut (Potamogeton natans), Eid.

Krüüzber(n): Spindelbaum (Euonymus europaeus)

Krüüzbloom: Johanniskraut, Hartheu (Hypericum perforatum), Plön

Krüüzdoorn: Purgier-Kreuzdorn (Rhamnus cathartica)

Krüüzesch: Esche (Fraxinus excelsior)

Krüüzkruut: Kreuzkraut, Stolzer Heinrich (Senecio vulgaris), Oh.

Kück (Dtm.), **Kuddik** (Sgbg.), **Küddik** (Storm.): *1.* Acker-Rettich, Hederich (Raphanus raphanistrum); *2.* Acker-Senf (Sinapis arvensis)

Kükenbloom: Gänseblümchen, Maßliebchen (Bellis perennis), Stap.

Kukerisuur (Sgbg.), **Kukersuur** (Bgth.), **Kukesuur** (Kk., Bramst.): *1.* Sauerklee (Oxalis acetosella); *2.* Großer Ampfer (Rumex acetosa)

Kukuksblatt: Sauerklee (Oxalis acetosella)

Kukuksbloom: *1.* Kriechender Günsel (Ajuga reptans); *2.* Wiesen-Schaumkraut (Cardamine pratensis), Sgbg., Hus.; *3.* Kuckucks-Lichtnelke (Lychnis flos cuculi), Mh., Wm., Dtm., Eid., Hus., Rdsbg.; *4.* Geflecktes Knabenkraut (Dactylorhiza maculata); *5.* Huflattich (Tussilago farfara), Prb.; *6.* **Blaue K.:** Kriechender Günsel (Ajuga reptans), Hü.

Kukuksmad: Sauerklee (Oxalis acetosella), Ang.

Kukuksspie: Kuckucks-Lichtnelke (Lychnis flos cuculi)

Kukukssuur. *1.* Sauerklee (Oxalis acetosella); *2.* Großer Ampfer (Rumex acetosa)

Külk: *1.* Acker-Rettich, Hederich (Raphanus raphanistrum), Lbg.; *2.* Acker-Senf (Sinapis arvensis), Lbg.

Küll: Bohnenkraut (Satureja hortensis), Pbg.

Kürb(i)s: Kürbis (Cucurbita pepo)

Kutsch un Peer (Westküste Schlesw., Pellw., Flensb., Hü., Rdsbg., Dtm., Mh.), **Kutschbloom** (Hus., Sgbg.), **Kutschpeer** (Schw., Dw., Storm.), **Kutschwagen** (Hohenw.): Blauer Eisenhut (Aconitum napellus)

Kutschpeerd: Fingerhut (Digitalis), Ang.

Küük (Dtm., Storm.), **Küüt** (Bramst., Pbg.), **Küütk** (Nordfr., Dtm.): *1.* Acker-Rettich, Hederich (Raphanus raphanistrum); *2.* Acker-Senf (Sinapis arvensis)

Küülgassen: Sechszeilige Gerste (Hordeum hexastichon)

L

Lagustrum: Liguster (Ligustrum vulgare), Ang.

Lammersteert: Blaues Träubelchen, Perlhyazinthe (Muscari botryoides), Hü.

Lampenbloom: Weiße Lichtnelke (Silene alba), Elmsh.

Landdoorn: Dornige Hauhechel (Ononis spinosa), Wankendf.

Larkenblatt: Krauser Ampfer (Rumex crispus), Stap.

Laschbloom: Schwertlilie (Iris), Dtm.

Läten: Berg-Ahorn (Acer pseudoplatanus), Sgbg.

Le(d)haddel: Trespe (Bromus secalinus/mollis), Storm., FL

Ledgras: Acker-Schachtelhalm (Equisetum arvense), Eid.

Leehaddel: Trespe (Bromus secalinus/mollis), Storm.

Leesch: *1.* Wasser-Schwertlilie (Iris pseudacorus), Hü., Börmerkoog; *2.* Rohrkolben (Typha latifolia/angustifolia), Schw., Rdsbg., Dtm., Wm., Storm.; *3.* Igelkolben (Sparganium), Hü., Mh.; *4.* Kalmus (Acorus calamus), Stap.; *5.* Wasserschwaden (Glyceria aquatica)

Leeschbloom: Wasser-Schwertlilie (Iris pseudacorus), Hü., Hus., Stap., Dtm,. Wm,. Storm.

Leiden Christi: Passionsblume (Passiflora coerula)

Lepelboom: Spindelbaum (Euonymus europaeus), Embühren

Lepelkruut: *1.* Hirtentäschelkraut (Capsella bursa pastoris), Hü., Sgbg., Storm.; *2.* Osterluzei (Aristolochia clematitis), Hü.

Leppstock: Liebstöckel (Levisticum officinale), Dtm., Mh., Oh.

Lerchen, Lerken: *1.* Knöterich (Polygonum), Prb.; *2.* Krauser Ampfer (Rumex crispus), Hü., Schw.; *3.* Stumpfblättriger Ampfer (Rumex obtusifolius), Schönkch.

Lerchenblatt: Krauser Ampfer (Rumex crispus), Bramst., Kk.

Letjenblatt: Großer Wegerich (Plantago major), Storm.

Levkoj: Levkoje (Matthiola annua)

Leverbloom: Leberblümchen (Hepatica nobilis), Hü.

Liefwehbloom: Johanniskraut, Hartheu (Hypericum perforatum), Storm., Dtm.

Lielj: Maiglöckchen (Convallaria majalis), Hohenw.

Lielk: Maiglöckchen (Convallaria majalis), Ndtm.

Lien: Echter Lein, Flachs (Linum usitatissimum)

Liesch: *1.* Rohrkolben (Typha latifolia/angustifolia), Schw., Rdsbg., Dtm., Wm., Storm.; *2.* Igelkolben (Sparganium), Hü., Mh.; *3.* Wasser-Schwertlilie (Iris pseudacorus), Hü., Börmerkoog; *5.* Kalmus (Acorus calamus), Stap.

Liguster: Liguster (Ligustrum vulgare)

Lilekonfei (Flensb.)**, Lilg** (Dtm.)**, Lilikonvall** (Ang.)**, Lilje** (Holst.)**, Liljenkonveilchen** (Fehm.)**, Lilk** (Sgbg.)**, Lilkenfall** (Ang.): Maiglöckchen (Convallaria majalis)

Lill: *1. pl.* **Lillen:** Maiglöckchen (Convallaria majalis); *2.* **Blau L.:** Blaues Träubelchen, Perlhyazinthe (Muscari botryoides), Storm., Kk.; *3.* **Witte L.:** Weiße Lilie (Lilium candidum)

Lillekonwall (Wm., Sgbg., Oldbg.), **Lilli** (Stap.): Maiglöckchen (Convallaria majalis)

Limonenkruut: Melisse (Melissa officinalis)

Linn: Linde (Tilia)

Lippstock: Liebstöckel (Levisticum officinale), Dtm., Mh., Oh.

Lirken (Hohenw.), **Lirkenfall** (Flensb.), **Lirren** (Flensb., Schlesw.): Maiglöckchen (Convallaria majalis)

Loek: *1.* Pestwurz (Petasites hybridus); *2.* Knöterich (Polygonum); *3.* Stumpfblättriger/Großer Ampfer (Rumex obtusifolius/acetosa); *4.* Lärche (Larix)

Loen, Loeten (Sgbg.): Berg-Ahorn (Acer pseudoplatanus)

Lömuten: Löwenmaul (Antirrhinum majus)

Look: Lauch (Allium)

Looproos: Brunnenkresse (Nasturtium officinale), Schw.

Lörch: *1.* Pestwurz (Petasites hybridus); *2.* Knöterich (Polygonum); *3.* Stumpfblättriger/Großer Ampfer (Rumex obtusifolius/acetosa); *4.* Lärche (Larix), Sgbg.

Lörk: *1.* Pestwurz (Petasites hybridus), Storm., Sgbg.; *2.* Knöterich (Polygonum), Sgbg., Storm., Schw.; *3.* Stumpfblättriger/Großer Ampfer (Rumex obtusifolius/acetosa) FL, Sgbg., Schw.; *4.* Lärche (Larix)

Löwenmuul, Löwenrachen (Storm.): Löwenmaul (Antirrhinum majus)

Lührk: Maiglöckchen (Convallaria majalis), Kh.

Lupin: Lupine (Lupinus)

Lurk: Klette (Arctium lappa), Holst.

Lürk: Großer Ampfer (Rumex acetosa), Schw.

Lüün: Bachbungen-Ehrenpreis (Veronica beccabunga), Westensee

Luuskruut: *1.* Lichtnelke (Lychnis), Wankendf.; *2.* Tüpfelfarn (Polypodium vulgare), Hohenw.

M

Maarreddik: Meerrettich (Armoracia)

Maasber: Moosbeere (Vaccinium oxycoccus), Dtm., Stap.

Määsch (Lbg., Storm., Stap.), **Määschen** (Kk.): Waldmeister (Galium odoratum)

Machandel: Wacholder (Juniperus communis)

Macholler: Feld-Ahorn (Acer campestre), Hü.

Maddel: Straußgras (Apera spica venti), Fehm.

Madjesbloom: Gänseblümchen, Maßliebchen (Bellis perennis), Eid.

Magoller: Wacholder (Juniperus communis), Ndtm.

Mahn(bloom): Klatschmohn (Papaver rhoeas)

Maibloom: *1.* Gänseblümchen, Maßliebchen (Bellis perennis), Eid.; *2.* Maiglöckchen (Convallaria majalis), Sgbg.; *3* **Grote M.:** Saat-Wucherblume (Chrysanthemum segetum), Hus.

Maieraan: Majoran (Origanum majorana)

Maiklöcken: Maiglöckchen (Convallaria majalis), Fehm., Storm.

Maililj: Maiglöckchen (Convallaria majalis), Hohenw., Schw., Flensb.

Maireck (Reinbek), **Maireddi** (Prb., Hü.): Meerrettich (Armoracia)

Maitulp: Schachblume (Fritillaria milleagris), Holm b. Üters.

Mandelbloom: Knöllchen-Steinbrech (Saxifraga granulata), Hü.

Mannsleef: *1.* Erdrauch (Fumaria officinalis), Storm., Hü.; *2.* Hungerblümchen (Erophila verna), Rdsbg.

Mardelbloom, Mardeln (Sdtm. *vereinzelt*), **Margelbloom** (Sgbg., FL, Plön): Gänseblümchen, Maßliebchen (Bellis perennis)

Mariabettstroh: *1.* Feld-Thymian (Thymus serpyllum), Dtm., Itz.; *2.* Wiesen-Labkraut (Galium mollugo), Stdm., Neum.

Marienbettstroh: *1.* Feld-Thymian (Thymus serpyllum), Mh., Oh., Dtm., Hü.; *2.* Echtes Labkraut (Galium verum), Wm., Storm., Fehm., Flensb.

Marienbloom: Gänseblümchen, Maßliebchen (Bellis perennis), Dtm., Ang.

Marienkruut: Wolfsmilch (Euphorbia), Ndtm.

Marikenbettstroh: Feld-Thymian (Thymus serpyllum), Storm., Mh., Oh., Hü.

Mark(s)bloom (Oh., Dw., Flensb.), **Markabloom** (FL), **Markerbloom** (Sgbg.), **Marlbloom, Marmelbloom** (Neum.), **Marrbloom** (Schönkch.), **Marrelbloom** (Fehm.), **Marribloom** (Hus.), **Martjen(bloom)** (Storm., Dtm.): Gänseblümchen, Maßliebchen (Bellis perennis)

Marrak, Marredi, Marreek (Storm., Sgbg.), **Marretig** (Wm.), **Marrik** (Lbg.), **Marrok:** Meerrettich (Armoracia)

Marschheid: Roter Zahntrost (Odontites vulgaris), Nordfr.

Märzbloom: *1.* Leberblümchen (Hepatica nobilis), Storm.; *2.* Schneeglöckchen (Galanthus nivalis), Wm.

Masselknüst *(pl.)*. Kapuzinerkresse (Tropaeolum majus), FL

Mater: *1.* Mutterkraut (Tanacetum parthenium), Nordfr.; *2.* Römische Kamille (Anthemis nobilis), Eid.

Matten: Beifuß (Artemisia vulgaris), Hus.

Mäusch (Dtm.), **Mäuschen** (Dw., Wankendf.): Waldmeister (Galium odoratum)

Meddel: Pfeifengras (Molinia coerulea), Sgbg.

Meddel(gras): *1.* Wolliges Honiggras (Holcus lanatus), Mh., Wh.; *2.* Pfeifengras (Molinia coerulea), Storm., FL; *3.* Straußgras (Apera spica venti), Fehm., Hü.

Meedekruut: Sumpf-Labkraut (Galium palustre), Bramst.

Meedkruut: *1.* Sumpf-Labkraut (Galium palustre), Kk.; *2.* Mädesüß (Filipendula ulmaria), Kiel, Kk., Hü.

Meedsööt: Mädesüß (Filipendula ulmaria), Sgbg., Rdsbg., Dw.

Meekruut: Sumpf-Labkraut (Galium palustre), Bramst.

Meergras: *1.* Grasnelke (Armeria maritima); *2.* Glanzgras (Phalaris), Dtm.

Meerkleever: Blasentang (Fucus vesiculosus), Fehm., Prb.

Mehlbernbusch: Weißdorn (Crataegus monogyna/oxyacantha)

Mei(e)ran: Majoran (Origanum majorana), Schw., Oh., Wm.

Melkdießel: Gänsedistel (Sonchus)

Mell(e/n): *1.* Gewöhnliche Melde (Atriplex patula), Hus., Rdsbg., Stap., Dtm., Sgbg., FL; *2.* **Solte M.:** Gewöhnliche Melde (Atriplex patula), Pellw.; *3.* Weißer Gänsefuß (Chenopodium album), Hü., Sgbg., Storm., Sdtm.

Mer(de)l, Mettel: *1.* Straußgras (Apera spica venti), Fehm., Hü.; *2.* Pfeifengras (Molinia coerulea), Storm., FL; *3.* Wolliges Honiggras (Holcus lanatus), Mh., Wh.

Merredi: Meerrettich (Armoracia)

Mier(en): *1.* Vogelmiere (Stellaria media); *2.* Acker-Gauchheil (Anagallis arvensis)

Mier(k)en: Rode M: *1.* Roter Spärkling (Spergularia rubra), Sgbg.; *2.* Acker-Gauchheil (Anagallis arvensis)

Mispel: Mispel (Mespilus germanica)

Mistel: Mistel (Viscum album)

Moderkruut: Gewöhnliche Küchenschelle, Kuhschelle (Pulsatilla vulgaris), Holst.

Möörbel: Wollgras (Eriophorum vaginatum), Hü.

Moorber: Moosbeere (Vaccinium oxycoccus), Dtm., Stap.

Moorduun: Wollgras (Eriophorum vaginatum), Dtm.

Moorecker: Blutwurz (Potentilla erecta), Dtm., Stap.

Mooresch: Espe, Zitterpappel (Populus tremula), Dtm.

Möörken (Storm., Pbg.), **Moorlaak** (Storm., Sgbg., Kk., Rdsbg., Wh.), **Moorlook** (Storm., Sgbg., Kk., Rdsbg., Wh.), **Moorluuk** (Storm., Sgbg., Kk., Rdsbg., Wh.): Wollgras (Eriophorum vaginatum)

Moortulp: Weiße Seerose (Nymphaea alba), Dtm.

Moorwichel: Moor-Weide (Salix pentandra/repens), Dtm., Hü.

Moorwöddel, Moorwuddel: Pastinak (Pastinaca sativa), Holst., Dtm., Fehm., Hü., Ang., Hus., Nordfr.

Moos, Moss: *1.* Moos; *2.* Mauerpfeffer, Scharfe Fetthenne (Sedum acre); *3.* Acker-Schachtelhalm (Equisetum arvense), Rdsbg.; *4.* **Witt M.:** Rentierflechte (Cladonia rangiformis), Viöl

Moosber: Moosbeere (Vaccinium oxycoccus), Dtm.

Moosbloom: Steinbrech (Saxifraga)

Möösch(en): Waldmeister (Galium odoratum)

Morgenfröh un Abendlaat, Morgenroetjern (Stap., Dtm.)**, Morgenrood** (Storm., Mh., Ang.)**, Morgenroot, Morgenröötjen:** Ringelblume (Calendula officinalis)

Morgenroos: Garten-Leimkraut (Silene armeria), Hü.

Morgenstern: *1.* Gelbe Narzisse (Narcissus pseudonarcissus); *2.* Ästiger Igelkolben (Sparganium erectum)

Mörk: Meerrettich (Armoracia) Prb.

Moschuskruut: Bisamkraut (Adoxa moschatellina)

Mottenkruut: Sumpf-Porst (Ledum palustre)

Mückenfang: Pechnelke (Lychnis viscaria), Sh.

Muckert: *1.* Strandsimse (Scirpus maritimus), Storm. *2.* Beifuß (Artemisia vulgaris), Storm., Sdtm.

Muggert: Beifuß (Artemisia vulgaris), Storm., Sdtm.

Mümmel (FL, Storm.)**, Mümmelken** (Storm.)**:** Weiße Seerose (Nymphaea alba)

Münjkatt: Klatschmohn (Papaver rhoeas), Marschen

Münning: Odermennig (Agrimonia eupatoria), Ranz.

Mürk: Merk (Sium/Berula), Wm.

Muss: Moos

Muulaap(en): Löwenmaul (Antirrhinum majus), Prb.

Muusarf: Wicke (Vicia), Dtm.

Muusch: Waldmeister (Galium odoratum), Schenefeld

Müüschen: *1.* Waldmeister (Galium odoratum), Ang., Flensb., Pellw.; *2.* **M. in'e Heed:** Acker-Schwarzkümmel (Nigella arvensis); *3.* **Unechte M.:** Kletten-Labkraut (Galium aparine), Flensb.

Muusbloom: Gewöhnliches Lungenkraut (Pulmonaria officinalis), FL

Muusdoorn: Bittersüß (Solanum dulcamara), Wh.

Muusgassen: Mäusegerste (Hordeum murinum)

Muusholt: Bittersüß (Solanum dulcamara), Flensb., Storm.

Muuskleever: Hasenklee (Trifolium arvense), Sgbg., Storm.

Muuskruut: Läusekraut (Pedicularis), FL

Muusstert: Zwerg-Hahnenfuß (Myosurus minimus)

Muustort: Wicke (Vicia), Ndtm.

N

Nachtkatten: Dolden-Milchstern (Ornithogalum umbellatum), Dw.

Nachtmütz: Kapuzinerkresse (Tropaeolum majus), Wschl.

Nachtschatten: Schwarzer Nachtschatten (Solanum nigrum)

Nachtvijol: *1.* Gewöhnliche Nachtviole (Hesperis matronalis), Oh., Dtm.; *2.* Trübe Nachtviole (Hesperis tristis), Schönkch.; *3.* Narzisse (Narcissus pseudonarcissus/poeticus), Dtm.; *4.* Waldhyazinthe (Platanthera), Ang.

Nagel, Nägeln (Dw., Hü., Nort., Bramst., Kk., Storm., Lbg.): Nelke (Dianthus)

Nakelstert: Blaues Träubelchen, Perlhyazinthe (Muscari botryoides), Schönkch.

Narrenkapp: Gelber Eisenhut (Aconitum vulparia), Mh.

Negel, Negelken (Schw., Ratzebg.): Nelke (Dianthus)

Negenaderblatt: Großer Wegerich (Plantago major), Fehm.

Negenkann: Sumpf-Schachtelhalm (Equisetum palustre), Storm.

Negenklee: Feldspark, Spörgel (Spergula arvensis)

Negenknee: *1.* Schachtelhalm (Equisetum palustre/limosum); *2.* Feldspark, Spörgel (Spergula arvensis), Holst., Sgbg.

Negenknick: Feldspark, Spörgel (Spergula arvensis), Wm.

Nelk: Nelke (Dianthus)

Nesenfarver, Gele Nes (Lbg.): Feuerlilie (Lilium bulbiferum)

Nettel: Grote N.: Große Brennnessel (Urtica dioica); *2.* **Lütte N.:** Kleine Brennnessel (Urtica urens)

Nilk: Nelke (Dianthus), Ang., Sschl., Hus., Ndtm.

Noetboom: *1.* Haselstrauch (Corylus avellana); *2.* Walnußbaum (Juglans regia)

Noetbusch: Haselstrauch (Corylus avellana)

Noppenkruut: *1.* Sumpf-Porst (Ledum palustre), Eid.; *2.* Wiesen-Löwenzahn (Taraxacum officinale), Wschl.

O

Ogentroost: Augentrost (Euphrasia officinalis)

Oosche: *1.* Busch-Windröschen (Anemone nemorosa), Dtm.; *2.* Große/Stängellose Schlüsselblume (Primula elatior/acaulis), Hus., Eid.

Ooschen: Gele O.: Stängellose Schlüsselblume (Primula vulgaris), Dtm.

Ööschen: Stängellose Schlüsselblume (Primula vulgaris), Sdtm. (Geest)

Oosterbloom: *1.* Gelbe Narzisse (Narcissus pseudonarcissus), Schlesw.; *2.* Buschwindröschen (Anemone nemorosa); *3.* Hohler Lerchensporn (Corydalis cava), Kiel; *4.* Sumpfdotterblume (Caltha palustris); *5.* Stängellose Schlüsselblume (Primula vulgaris); *6.* Echte Schlüsselblume (Primula veris), Dtm., Schw.; *7.* Huflattich (Tussilago farfara), Storm.; *8.* Rote Aurikel (Primula auricula), Sdtm., Kremp., Elbm., Itz.; *9.* Leberblümchen (Hepatica nobilis), FL, Bornh.; *10.* Wald-Goldstern (Gagea lutea), Rdsbg.

Oosterlilk, Oosterlill: Gelbe Narzisse (Narcissus pseudonarcissus), Dtm., Pellw., Nordfr., Hus., Ang.

Oostersteern: Busch-Windröschen (Anemone nemorosa)

Operstehungsbloom: Begonie (Begonia discolor)

Orant: Kleines Löwenmaul (Antirrhinum orontium), Holst.

Ossenkruut: Sonnentau (Drosera rotundifolia), Nordfr., Ang.

Ossenmuul: Rohr-Schwingel (Festuca arundinacea), Schw.

Överdann: Riesen-Schachtelhalm (Equisetum maximum), Fehm.

P

Padderak: Acker-Schachtelhalm (Equisetum arvense), Flensb.

Pagendießel: Sumpf-Kratzdistel (Cirsium palustre), Storm., Sdtm.

Pagensteckel: Stängellose Kratzdistel (Cirsium acaule), Elbm., Wm.

Palm: *1.* Eberesche (Sorbus aucuparia), Kk.; *2.* Sal-Weide (Salix caprea), Sgbg.

Palmwichel, Palmwied (Dtm.): Palm-Weide (Salix grandifolia)

Pannbloom: Klappertopf (Rhinantus serotinus/minor), Wschl.

Pannkoken: Wilde Malve/Weg-Malve (Malva sylvestris/neglecta)

Pantüffelbloom: Pantoffelblume (Calceolaria), Oh., Dtm., Pellw.

Papenkapp: Wiesen-Löwenzahn (Taraxacum officinale)

Pappel, Päppel (Bgth.): Pappel (Populus)

Parlbloom: Blaues Träubelchen, Perlhyazinthe (Muscari botryoides), Sgbg., Dw., Schw., Hü.

Parlbusch: Schneebeere (Symphoricarpus racemosa), Kk.

Parlhiazint: Blaues Träubelchen, Perlhyazinthe (Muscari botryoides), Hus.

Parrerak: Schlamm-Schachtelhalm (Equisetum limosum), Ang.

Paufies: Bovist (Lycoperdon gemmatum/bovista), Oh., Mh.

Pechnegel: Pechnelke (Lychnis viscaria), Sgbg.

Peck: *1.* Schilf (Phragmites communis), Flensb., Ang., Hus.; *2.* Wasser-Schwertlilie (Iris pseudacorus), Ang., Flensb.

Peerbloom: Wiesen-Löwenzahn (Taraxacum officinale)

Peerbohn(en): Puffbohne (Vicia faba)

Peerd un Kutsch, Peerd un Waag (Schlesw.)**, Peerd un Wagen** (Schlesw.): Blauer Eisenhut (Aconitum napellus)

Peerdießel: Gewöhnliche Kratzdistel (Cirsium vulgare), Sgbg., Hü.

Peerkamell: Margerite, Weiße Wucherblume (Leucanthemum vulgare), Dtm., Wm.

Peerkoem: *1.* Knolliger Kälberkropf (Chaerophyllum bulbosum), Stap.; *2.* Wiesen-Kerbel (Anthriscus sylvestris), Stap.

Peerkropp: Rainfarn (Tanacetum vulgare), Schiffbek

Peerkrusemint: *1.* Acker-Minze (Mentha arvensis), Sgbg., Storm.; *2.* Wasser-Minze (Mentha aquatica), Wm., Hü.

Peerkrüsemint: Gundermann (Glechoma hederacea), Sdtm.

Peer-Krüsermünt: Acker-Minze (Mentha arvensis), Kk.

Peerkül: Breitblättriger Rohrkolben (Typha latifolia), Hohenw., Pbg.

Peerkutsch, Peerkutscher: Blauer Eisenhut (Aconitum napellus)

Peerlilj: *1.* Maiglöckchen (Convallaria majalis), Embühren; *2.* Vielblütige Weißwurz (Polygonatum multiflorum), Rdsbg.; *3.* Weiße Waldhyazinthe (Platanthera bifolia), Dtm.

Peermöösch(en): *1.* Wiesen-Labkraut (Galium mollugo), FL, Olpenitz; *2.* Wald-Labkraut (Galium sylvaticum), Gettorf

Peerrükelsch: Wasser-Minze (Mentha aquatica), Stap.

Peitersill, Kruse P.: Petersilie (Petroselinum sativum), Oh., Lbg.

Pennbloom: Klappertopf (Rhinantus serotinus/minor), Eid., Dtm.

Penningkruut: Acker-Hellerkraut (Thlaspi arvense), Hü., Dtm.

Pennkruut: *1.* Acker-Hellerkraut (Thlaspi arvense), Hü., Dtm.; *2.* Hungerblümchen (Erophila verna), Sdtm.

Peperbloom (Wm., Dtm., Kh.), **Peperboom** (FL, Prb., Dtm., Schw.), **Peperbusch** (Storm., Prb., Dtm., Hü., Ang.): Seidelbast, Kellerhals (Daphne mezereum)

Peperkruut: *1.* Mauerpfeffer, Scharfe Fetthenne (Sedum acre), Sgbg., Storm.; *2.* Bohnenkraut (Satureja hortensis)

Pepernegelk: Pechnelke (Lychnis viscaria), Storm.

Perikum: Johanniskraut, Hartheu (Hypericum perforatum), Sschl.

Pers, Persch: Pfirsich (Prunus persica), Schönkch.

Petersill, Pessill (Wm.), **Petersilen** (Kk.), **Petersilgen** (Üters., Dtm.), **Petersilje** (Ranz.), **Petersilli** (Nordfr., Pellw., Ang., Sgbg., Dtm.): *1.* **(Kruse) P.:** Petersilie (Petroselinum sativum); *2.* **Wille P.:** Hundspetersilie (Aethusa cynapium), Storm., Dtm., Hü., Ang.

Pfersch (Embühren), **Pfirsch** (Schw., Dtm.): Pfirsich (Prunus persica)

Picknegel/-nelk: *1.* Pechnelke (Lychnis viscaria), Storm., Mh., Hü., Dw.; *2.* Leimkraut (Silene), Embühren

Pielkruut: *1.* Knöterich (Polygonum), Holst.; *2.* Floh-Knöterich (Polygonum persicaria), Drelsdf., Hus.

Piepenbloom: Aufgeblasenes Leimkraut (Silene cucubalus)

Piepenräumer (Sh.), **Piepenreimer** (Sh.), **Piepenrümer** (Storm.): Pfeifengras (Molinia coerulea)

Pilikum: Johanniskraut, Hartheu (Hypericum perforatum), Flensb.

Pillurt: Knöterich (Polygonum), Ang.

Pimpe(r)nell: Bibernelle (Pimpinella)

Pimpernellroos: Bibernell-Rose (Rosa pimpinellifolia)

Pingstbloom: *1.* Weiße Narzisse (Narcissus poeticus), Schlesw., Dtm., Wm.; *2.* Schneeglöckchen (Galanthus nivalis), Hü.; *3.* Blauer Flieder (Syringa vulgaris), Föhr

Pingstlilge (*pl.* -s) (Hus.), **Pingstlilie** (Ang., Pellw.), **Pingstlilje** (Sgbg.), **Pingstlilk** (Dtm.), **Pingstlill** (Hus.), **Pingstlilli** (Hus.), **Pingstnelk** (FL): Weiße Narzisse (Narcissus poeticus)

Pingstroos: Pfingstrose (Rosa cinnamomea)

Pirikum (Ang.), **Pirkum** (Holst., Hus., Nschl.): Johanniskraut, Hartheu (Hypericum perforatum)

Pissbloom: Sand-Strohblume, Immerschön (Helichrysum arenarium), Lbg.

Pissputt: Kapuzinerkresse (Tropaeolum majus)

Plockwöttel: Wilde Möhre (Daucus carota), Storm.

Plummboom: Zwetsche (Prunus domestica)

Poffies (Ang., Kk.), **Pofies** (Ndtm., FL, Dw.), **Pofiss** (Stap., Dtm., Wm., Kh., Sgbg., Neust.): Bovist (Lycoperdon gemmatum/bovista)

Poggendießel: Sumpf-Kratzdistel (Cirsium palustre)

Poggenhoot: Stinkmorchel (Phallus impudicus), Hus., Ndtm., Rdsbg.

Poggenkruut: Wasser-Hahnenfuß (Batrachium aquatile), Hü.

Polei: Flohkraut (Pulicaria vulgaris)

Poppel, Pöppel: Pappel (Populus)

Poppenbloom: Lichtnelke (Lychnis), Embühren

Porr: Sumpf-Schachtelhalm (Equisetum palustre), Eid., Ahrenviöl

Porre: Porree (Allium porrum)

Porren: Klette (Arctium lappa), Ahrenviöl

Porrig: Porree (Allium porrum), Storm.

Pors(t): *1.* Sumpf-Porst (Ledum palustre); *2.* Gagel (Myrica gale)

Porsch: Sumpf-Porst (Ledum palustre), Hadem., Ndtm.; *2.* Gagel (Myrica gale)

Post: *1.* Sumpf-Porst (Ledum palustre); *2.* Gagel (Myrica gale)

Postries: Gagel (Myrica gale), Löwenst.

Powiss: Bovist (Lycoperdon gemmatum/bovista), Schw.

Pozleinbloom: Porzellanblümchen (Saxifraga umbrosa), nördl. Schlesw.

Pozleinroos: Weiße Rose (Rosa alba), Schlesw.

Preespans: Breitblättriger Rohrkolben(Typha latifolia), Hus.

Preesterknööp: Sumpf-Blutauge (Comarum palustre), Bramst.

Preesterkragen: Margerite, Weiße Wucherblume (Leucanthemum vulgare), Storm.

Preesterluus: Zweizahn (Bidens tripartita/cernua), Storm.

Preesternelk: Seifenkraut (Saponaria officinalis), Pellw.

Preesterpans: Breitblättriger Rohrkolben (Typha latifolia), Wschl.

Preesterpendel: Knabenkraut (Dactylorhiza/Orchis), Sgbg.

Preesterpind: Breitblättriger Rohrkolben (Typha latifolia), Bredst.

Preesterplant: Froschlöffel (Alisma), Pellw.

Preesterprangel: Breitblättriger Rohrkolben (Typha latifolia), Drelsdf.

Primel: Schlüsselblume (Primula)

Pröckelkees: Steinklee (Melilotus coeruleus), Sdtm.

Provinzroos: Zentifolie (Rosa centifolia)

Puffer (Ndtm.), **Pufferts** (Ang.), **Puffits** (Ang.): Bovist (Lycoperdon gemmatum/bovista)

Pulverholt: Faulbaum (Rhamnus frangula)

Pümmel (Rdsbg.), **Pümmelken** (Storm.), **Pumpelken, Pümpelken:** Gelbe Teichrose (Nuphar luteum)

Pummelbees, Pumpbees (Storm.): Teichsimse (Scirpus lacustris)

Pumpesel: Breitblättriger Rohrkolben (Typha latifolia), Kiel, Oldbg., FL, Lbg., Sgbg., Ranz.

Pürikum: Johanniskraut, Hartheu (Hypericum perforatum), Ang.

Purr: Sumpf-Schachtelhalm (Equisetum palustre), Eid., Ahrenviöl

Purren: Klette (Arctium lappa), Ang.

Puttlaak: Wilder Portulak (Portulaca oleracea), Holst.

Puttnegel, Puttnelk: *1.* Bartnelke (Dianthus barbatus), Stap.; *2.* Weiße Lichtnelke (Silene alba), Prb.; *3.* Gewöhnliche Nachtviole (Hesperis matronalis), Sgbg., FL

Puwiss: Bovist (Lycoperdon gemmatum/bovista), Wh.

Q

Quandelkruut: Queller, Glasschmalz (Salicornia europaea), Holst.

Queek, Quek, Quekgras: Quecke (Agropyrum repens)

Queller: Queller, Glasschmalz (Salicornia europaea)

Quetsch: Eberesche (Sorbus aucuparia), Dtm.

Quiet: Quitte (Cydonia vulgaris), Hohn

Quietsch: *1.* Eberesche (Sorbus aucuparia), Hohn; *2.* Quecke (Agropyrum repens)

Quitsch: *1.* Eberesche (Sorbus aucuparia); *2.* Quecke (Agropyrum repens), Dtm., Stap., Eid.

Quitschboom, Quitschbusch: Eberesche (Sorbus aucuparia)

Quitt: Quitte (Cydonia vulgaris)

Quitz: Quecke (Agropyrum repens), Dtm., Stap., Eid.

Quoller: Queller, Glasschmalz (Salicornia europaea), Eid.

R

Raa, Raad, Raak (Kk., Storm.)**, Raal** (Dtm.): Kornrade (Agrostemma githago)

Raalk: Schafgarbe (Achillea millefolium), Rdsbg.

Rabeetwöddel: Rote Beete (Beta rubra), Holst.

Rabünsch: Rapunzel (Phyteuma), Oh.

Radies: Garten-Rettich (Raphanus sativus)

Raigras: *1.* Glatthafer, Französisches Raygras (Arrhenatherum elatius), Oh.; *2.* Englisches Raygras (Lolium perenne); *3.* Italienisches Raygras (Lolium multiflorum); *4.* **Düütsch R.:** Weiche Trespe (Bromus mollis)

Rainfaart (Oh.)**, Rainfar, Rainfarn:** Rainfarn (Tanacetum vulgare)

Räk: Kornrade (Agrostemma githago), Bramst., Kk.

Rallwohl: Kornrade (Agrostemma githago), Dtm.

Rangelbookweeten: Winden-Knöterich (Fallopia convolvulus), Schenef., Ranz.

Raps, Rapsaat: Raps (Brassica napus ssp. arvensis)

Rär: Kornrade (Agrostemma githago), Schlesw.

Rassel: Klappertopf (Rhinantus), Hus.

Ravenswans: Bärlapp (Lycopodium), Ang.

Reehahn: *1.* Wasserschwaden (Glyceria aquatica), Stap.; *2.* Strandsimse (Scirpus maritimus), Stap., Eid.

Reer: Kornrade (Agrostemma githago), Fl.

Reet: Schilf (Phragmites communis)

Reetbloom: Wasser-Schwertlilie (Iris pseudacorus), Prb.

Regenbloom: Acker-Gauchheil (Anagallis arvensis)

Regenfang, Regenkruut: Rainfarn (Tanacetum vulgare), Ang.

Reit: Schilf (Phragmites communis)

Rerr: Kornrade (Agrostemma githago), Oh.

Ribbels: Rote Johannisbeere (Ribes rubrum), Hus.

Rie(h): Schmalblättrige Futter-Wicke (Vicia angustifolia), Storm.

Riebel (Stap., Eid., Hus.)**, Riebels** (Eid., Hus.)**, Riebelsen** (Föhr)**, Riepel** (Wschl.)**, Riepels** (Wschl.): Rote Johannisbeere (Ribes rubrum)

Riesbloom: Schafgarbe (Achillea millefolium), Wschl.

Riet(ahr): *1.* Schmalblättrige Futter-Wicke (Vicia angustifolia), Storm.; *2.* Behaarte Wicke (Vicia hirsuta); *3.* Winden-Knöterich (Fallopia convolvulus), Warder

Rievel (Stap., Eid., Hus.)**, Rievels** (Stap., Eid., Sschl.): Rote Johannisbeere (Ribes rubrum)

Rijol: Gewöhnliche Nachtviole (Hesperis matronalis), Hohenw.

Ringelbloom: Wiesen-Löwenzahn (Taraxacum officinale), Preetz., FL., Sdtm.

Ringelroos: *1.* Ringelblume (Calendula officinalis), Wankendf., Kk., Föhr; *2.* Narzisse (Narcissus pseudonarcissus/poeticus), Dtm.; *3.* Acker-Winde (Convolvulus arvensis), Rdsbg.;

Ringelrööschen: Ringelblume (Calendula officinalis), Storm., Föhr

Risch: *1.* Schlamm-Schachtelhalm (Equisetum limosum), Wh.; *2.* Binse (Scirpus, Juncus), (Wh.)

Rode Beet(en): Rote Beete (Beta rubra)

Roden Hinnerk: Kleiner Ampfer (Rumex acetosella), Oh. *[abst.]*

Rode Redder, Rode Rerrer: Großer Ampfer (Rumex acetosa), Eid.

Roelk: Schafgarbe (Achillea millefolium)

Roete: Quecke (Agropyrum repens), Pellw

Roetjen: Wasserlinse (Lemna minor), Dtm.

Rogg (Schlesw.), **Roggen** (Holst.): *1.* Roggen (Secale cereale); *2.* **Wille Rogg:** Roggen-Gerste (Hordeum secalinum), Eid.

Roggenbloom: *1.* Kornblume (Centaurea cyanus), Storm., Kk., Bornh., Hü., Stap.; *2.* Skabiose (Scabiosa); *3.* Kornrade (Agrostemma githago), Stap.

Roggendresch, Roggendress: Roggen-Trespe (Bromus secalinus), Dtm.

Roggenluus: Hungerblümchen (Erophila verna), Ndtm.

Roggenraad: Kornrade (Agrostemma githago), Holst.

Roggenrölk (Ang.), **Roggenröllken** (Ang.), **Roggenrülk** (Dtm., Sgbg.): Schafgarbe (Achillea millefolium)

Röh: Kornrade (Agrostemma githago)

Rohrharr: Schachtelhalm (Equisetum arvense u.a.), Nordfr.

Röllk, Röllken (Ang.): Schafgarbe (Achillea millefolium)

Rönn: Eberesche (Sorbus aucuparia), Ang. *[selten]*

Roodböök: Rotbuche (Fagus silvatica)

Roodstruck (Dtm.), **Roodstrunk** (Stap., Dtm., Storm.): Ampfer (Rumex acetosa/maritimus/crispus/conglomeratus)

Roodwuttel: Blutwurz (Potentilla erecta), Ndtm.

Roos: *1.* Zentifolie (Rosa centifolia); *2.* **Wille R.:** Hunds-Rose, Hecken-Rose (Rosa canina)

Röösch: Binse (Scirpus, Juncus), Hohenw.

Rör: Kornrade (Agrostemma githago), Bramst.

Rörk: *1.* Kornrade (Agrostemma githago), Schenef.; *2.* Schafgarbe (Achillea millefolium), Bramst., Wm., Dtm.

Rörr: Kornrade (Agrostemma githago), Wm., Storm., Sgbg., Fehm.

Rosch (Ndtm., Wschl.), **Rösch** (Viöl), **Roscher** (Eid.): Binse (Scirpus, Juncus)

Rosmarien: Rosmarin (Rosmarinus officinalis)

Röster: Feld-Ulme (Ulmus campestris), Oh.

Rottenkruut: *1.* Hundszunge (Cynoglossum officinale), Eck.; *2.* Guter Heinrich (Chenopodium bonus-henricus), Schönkch.

Rottenstert: *1.* Schwarze Königskerze (Verbascum nigrum), Storm.; *2.* Spitz-Wegerich (Plantago lanceolata), Fehm.

Rubelkruut: Silberblatt (Lunaria annua), Wankendf.

Ruchgras: Ruchgras (Anthoxantum odoratum), Holst., Hü.

Rükelbusch: Eberraute (Artemisia abrotanum)

Rülk: Schafgarbe (Achillea millefolium), Kk., Dtm., Eid., Hus.

Rusch: *1.* Sumpf-Reitgras (Calamagrostis canescens), Hü., Fehm., Nort., Storm.; *2.* Binse (Scirpus, Juncus), Wm., Neum., Schönkch., Prb., Fehm., Hü., Stap.; *3.* Rohrkolben (Typha), Prb.

Rüsch (Storm., Dtm., Sschl., Hus.), **Rüschel** (Wschl.), **Rüscher** (Eid.): Binse (Scirpus, Juncus)

Russ: Sumpf-Schachtelhalm (Equisetum palustre), Storm.

Rüster: Feld-Ulme (Ulmus campestris)

Rüükarf: Wohlriechende Wicke (Lathyrus odoratus), Storm.

Rüükblatt: Marienblatt (Tanacetum balsamita)

Ruusch: *1.* Sumpf-Reitgras (Calamagrostis canescens), Hü., Fehm., Nort., Storm.; *2.* Binse (Scirpus, Juncus), Wm., Neum., Schönkch., Prb., Fehm., Hü., Stap.; *3.* Rohrkolben (Typha), Prb.

Rüüsch (Storm., Dtm., Sschl., Hus.): Binse (Scirpus, Juncus)

S

Saalber: Schwarze Johannisbeere (Ribes nigrum), Dtm., Stap., Hus., Mschl.

Saalwichel: Sal-Weide (Salix caprea), Storm.

Saalwied: Sal-Weide (Salix caprea), Dtm.

Saffran: Wille S.: Krokus (Crocus vernus), Dtm.

Saldeber (Ang.), **Salderber** (Schw.), **Salterber** (Schw.): Schwarze Johannisbeere (Ribes nigrum)

Salvie, Graue S. (Ang.): Garten-Salbei (Salvia officinalis)

Sammtaster: Studentenblume (Tagetes patula/erecta), Dtm.

Sammtblatt, Sammtbläd: Filziger Ziest (Stachys germanica), Storm., Bornh.

Sammtbloom: *1.* Studentenblume (Tagetes patula/erecta), Dtm., Bornh.; *2.* Vexiernelke (Lychnis coronaria), Storm., Bornh.; *3.* Grindkraut (Scabiosa); *4.* Sonnenblume (Helianthus annuus), Viöl; *5.* Gewöhnliche Ochsenzunge (Anchusa officinalis), Sgbg.; *6.* **Blaue/Wille S.:** Wiesen-Witwenblume (Knautia arvensis)

Sandbloom: Grasnelke (Armeria maritima), Fehm.

Sanddoorn: *1.* Dornige Hauhechel (Ononis spinosa), Bornh.; *2.* Sanddorn (Hippophaë rhamnoides), Nordfr.

Sandhaver, Sandhavermann: Strandroggen (Elymus arenarius)

Sandreetgras: Sandsegge (Carex arenaria), Nordfr.

Schaapgras: Winter-Schachtelhalm (Equisetum hiemale), Ang.

Schaapkruut: Schafgarbe (Achillea millefolium), Hü.

Schaapsbloof: Großblütige Königskerze (Verbascum densiflorum), Achterwehr

Schaapsohr: Filziger Ziest (Stachys germanica)

Schaffross (FL), **Schaffrusch** (Storm., Mh., Hü., Schw.), **Schaffrüschen** (Börmerkoog), **Schaffruss** (Holst., Storm., FL): Winter-/Sumpf-Schachtelhalm (Equisetum hiemale/palustre)

Schalott: Schalotte (Allium ascalonicum)

Scharbuck: Scharbockskraut, Feigwurz (Ranunculus ficaria), Kk.

Scharfröss (Sgbg.), **Scharfrusch** (Flensb.): Winter-/Sumpf-Schachtelhalm (Equisetum hiemale/palustre)

Scharnkruut: *1.* Wiesen-Kerbel (Anthriscus sylvestris), Hü., Schw.; *2.* Knolliger Kälberkropf (Chaerophyllum bulbosum), Schw., Hü., Hohn

Scharnpiep: Gefleckter Schierling (Conium maculatum), Dtm.

Scharntodel: *1.* Wiesen-Kerbel (Anthriscus sylvestris), Stap.; *2.* Hecken-Kälberkropf (Chaerophyllum temulum), Stap.; *3.* Knolliger Kälberkropf (Chaerophyllum bulbosum), Stap.

Scharntüddel: *1.* Wiesen-Kerbel (Anthriscus sylvestris), Hus., Stap.; *2.* Hecken-Kälberkropf (Chaerophyllum temulum), Hus., Stap.; *3.* Knolliger Kälberkropf (Chaerophyllum bulbosum), Hus., Stap.

Scharntüder: *1.* Wiesen-Kerbel (Anthriscus sylvestris), Ang.; *2.* Hecken-Kälberkropf (Chaerophyllum temulum), Ang.; *3.* Knolliger Kälberkropf (Chaerophyllum bulbosum), Ang.; *4.* Stumpfblättriger Ampfer (Rumex obtusifolius), Schlesw.

Scharntürrer, Scharntüt: *1.* Wiesen-Kerbel (Anthriscus sylvestris), Ang.; *2.* Hecken-Kälberkropf (Chaerophyllum temulum), Ang.; *3.* Knolliger Kälberkropf (Chaerophyllum bulbosum), Ang.

Scharprösch (Rdsbg.)**, Scharpross** (Storm.)**, Scharpruss** (Kk.)**:** Winter-/Sumpf-Schachtelhalm (Equisetum hiemale/palustre)

Schelfleut: Wiesen-Kerbel (Anthriscus sylvestris), Hemme(Ndtm.)

Schellkruut: Schöllkraut (Chelidonium majus), Dw.

Schelp: Schilf (Phragmites communis), Oh., Sh.

Schennkruut: Schöllkraut (Chelidonium majus), Barmst.

Schetbläder: Stumpfblättriger Ampfer (Rumex obtusifolius), Hus., Ang.

Schienappel: Kürbis (Cucurbita pepo), Hü., Rdsbg., Sgbg., Storm.

Schienarf: Wohlriechende Wicke (Lathyrus odoratus), Hü., Storm.

Schierling: *1.* Gefleckter Schierling (Conium maculatum), Pellw., Hus., Prb.; *2.* Hundspetersilie (Aethusa cynapium), Schlesw., Prb., Nort.; *3.* Hecken-Kälberkropf (Chaerophyllum temulum), Prb.; *4.* **Bunte Sch.:** Gefleckter Schierling (Conium maculatum), Holst.; *5.* **Grote Sch.:** Gefleckter Schierling (Conium maculatum), Schlesw.

Schillingskruut, Schillnkruut: Acker-Hellerkraut (Thlaspi arvense), Wm., Sdtm.

Schillingsroos: Tee-Rose (Rosa indica)

Schinnkruut: Schöllkraut (Chelidonium majus)

Schirnfleut: Wiesen-Kerbel (Anthriscus sylvestris), Schlichting (Ndtm.)

Schohbloom: Rittersporn (Delphinium ajacis), Prb.

Schöllkruut: Schöllkraut (Chelidonium majus)

Schoosterbloom: Balsamine (Impatiens balsamina)

Schorf: Hungerblümchen (Erophila verna), Hus., Stap.

Schörntodel: Wiesen-Kerbel (Anthriscus sylvestris), Stap.

Schrepp: Ampfer (Rumex), Ang., Schw., Hü.

Schrepplörken: Stumpfblättriger Ampfer (Rumex obtusifolius)

Schrobbenbläd: Gelbe Teichrose (Nuphar luteum), Itz.

Schrubberheid: Glockenheide (Erica tetralix), Hü., Kk.

Schülpkruut: Schilf (Phragmites communis), Haale

Schürkruut: Winter-/Sumpf-Schachtelhalm (Equisetum hiemale/palustre), Storm., Sgbg.

Sech, Seck: Segge (Carex), Dtm.

Seddelrööschen: Gelbe Narzisse (Narcissus pseudonarcissus), Dtm.

Seegras: Seegras (Zostera marina)

Seemsbläder, Seemsbloed: Gänse-Fingerkraut (Potentilla anserina), Storm., Wm., Stap.

Seepenkruut: Seifenkraut (Saponaria officinalis), Hus.

Seerampfer: *1.* Garten-Ampfer (Rumex), Pellw.; *2.* **Wille S.:** Kleiner Ampfer (Rumex acetosella), Pellw.

Seeroos: *1.* Weiße Seerose (Nymphaea alba), Hü., Rdsbg., Neum.; *2.* **Witt S.:** Weiße Seerose (Nymphaea alba), Sgbg.; *3.* **Gel S.:** Gelbe Teichrose (Nuphar luteum), Sgbg.

Sellerrööschen, Sellerrüüschen: Gelbe Narzisse (Narcissus pseudonarcissus), Dtm.

Semp: *1.* **Willen/Brunen S.:** Acker-Senf (Sinapis arvensis); *2.* **Witten S.:** Garten-Senf (Sinapis alba)

Serreen: Blauer Flieder (Syringa vulgaris)

Settelööschen (Mh.), **Settelrööschen** (Kh., Dtm.), **Settlöösch** (Hü.), **Settlööschen** (Dw., Hü., Dtm., Kk.), **Settlüüschen** (Hohn), **Settrööschen** (Dtm.): Gelbe Narzisse (Narcissus pseudonarcissus)

Severinsbloom: Tausendgüldenkraut (Centaurium erythraea), Fehm.

Sick: Segge (Carex), Dtm.

Siddelrööschen: Gelbe Narzisse (Narcissus pseudonarcissus), Dtm.

Siedenbloom: Kuckucks-Lichtnelke (Lychnis flos cuculi), Viöl

Sieves: Binsen (Juncus, Scirpus), Ang.

Sillengööschen: Gelbe Narzisse (Narcissus pseudonarcissus), FL

Simp: *1.* **Willen/Brunen S.:** Acker-Senf (Sinapis arvensis); *2.* **Witten S.:** Garten-Senf (Sinapis alba)

Sippelrööschen: Gelbe Narzisse (Narcissus pseudonarcissus), Dtm.

Sireen: Blauer Flieder (Syringa vulgaris)

Sirupsbloom: Herbst-Löwenzahn (Leontodon autumnalis), Sgbg.

Sittelrööschen: Gelbe Narzisse (Narcissus pseudonarcissus), Dtm.

Sittlöös: Herbstzeitlose (Colchicum autumnale), Bgth.

Slaa: Schwarzdorn (Prunus spinosa), Ang.

Slaapbloom: Dolden-Milchstern (Ornithogalum umbellatum), Hus., Schwabst.

Slaapkruut: Eberraute (Artemisia abrotanum), Storm.

Slangenbloom: *1.* Große Sternmiere (Stellaria holostea), Hohenw.; *2.* Vielblütige Weißwurz (Polygonatum multiflorum), Hü.; *3.* **Rode Sl.:** Rote Lichtnelke (Silene dioica), Schlesw.; *4.* **Witte Sl.:** Weiße Lichtnelke (Silene alba), Hü.

Slangenkruut: *1.* Streifenfarn (Asplenium trichomanes); *2.* Wurmfarn (Dryopteris filix-mas); *3.* Tüpfelfarn (Polypodium vulgare); *4.* Adlerfarn (Pteridium aquilinum); *5.* Große Sternmiere (Stellaria holostea), Eckf.; *6.* Gewöhnliches Lungenkraut (Pulmonaria officinalis), Sgbg., Ltjbg.; *7.* Bärlapp (Lycopodium), Kk.

Slangenmoss: Kolben-Bärlapp (Lycopodium clavatum), Wh.

Slangenrank: Zaunwinde (Convolvulus sepium), Schlesw.

Slappkohl: Kohldistel (Cirsium oleraceum), Warder

Sleh (Sdtm.)**, Slehn** (Ang.)**, Slei** (Ndtm.)**, Sleu** (Sdtm.): Schwarzdorn (Prunus spinosa)

Slengelkruut: Acker-Winde (Convolvulus arvensis), Fehm.

Slepstert: Kapuzinerkresse (Tropaeolum majus), Eid.

Slichtsofie: Wiesen-Salbei (Salvia pratensis), Eid.

Slickdannen: Queller, Glasschmalz (Salicornia europaea), Hus., Eid.

Sliegras: Wasserfeder (Hottonia palustris), Ndtm.

Sloetelbloom: *1.* Schlüsselblume (Primula); *2.* **Echte Sl.:** Echte Schlüsselblume (Primula veris); *3.* **Rode Sl.:** Gewöhnliches Lungenkraut (Pulmonaria officinalis), Sgbg.; *4.* **Unechte Sl.:** Stängellose Schlüsselblume (Primula vulgaris); *5.* **Unechte Sl.:** Große Schlüsselblume (Primula elatior)

Sloetelkruut: Springkraut (Impatiens nolitangere), Ang.

Slöh: Schwarzdorn (Prunus spinosa), Sdtm.

Smaddikar: Wasserpfeffer (Polygonum hydropiper), Schw.

Smalensofie, Smallsofei, Smalsofei: Garten-Salbei (Salvia officinalis), Fehm.

Smarrkarr (Fehm.)**, Smarrkatt** (Bornh.)**, Smattekarr** (Schwabst.)**, Smatteker** (Hus.)**, Smattkarn** (Bgth. *selten*, Stap.)**:** Wasserpfeffer (Polygonum hydropiper)

Smattkarr: *1.* Zweizahn (Bidens tripartita/cernua), Storm.; *2.* Wasserpfeffer (Polygonum hydropiper), Storm., Sgbg., FL; *3.* Tatarischer Buchweizen (Polygonum tataricum), FL

Smattkorn: Wasserpfeffer (Polygonum hydropiper), Dtm.

Smerbookweeten: Winden-Knöterich (Fallopia convolvulus), Rdsbg.

Smerwichel: Bruchweide (Salix fragilis), Kk.

Smerwuddel: Beinwell (Symphytum officinale), Ndtm.

Smöökbloom: Katzenpfötchen (Antennaria dioicum), Storm.

Snakenbloom: *1.* Vielblütige Weißwurz (Polygonatum multiflorum), Storm., Sgbg., Hü.; *2.* Salomonsiegel (Polygonatum odoratum), Bordesh.; *3.* Weiße Lichtnelke (Silene alba), Holst.; *4.* Große Sternmiere (Stellaria holostea), Sdtm., Hohenw., Rdsbg.; *5.* Zaun-Winde (Convolvulus sepium), Holst.; *6.* **Rode S.:** Rote Lichtnelke (Silene dioica), Holst.

Snakenkopp: Rainfarn (Tanacetum vulgare), Westensee

Snakenkruut: *1.* Adlerfarn (Pteridium aquilinum), Bramst.; *2.* Schildfarn (Aspidium), Storm., Hü.; *3.* Tüpfelfarn (Polypodium vulgare), Ndtm., Wm., Pbg., Storm., Bornh., Dw., Schw.; *4.* Rote Lichtnelke (Silene dioica), Kh., Schw.; *5.* Große Sternmiere (Stellaria holostea), Rdsbg.; *6.* Busch-Windröschen (Anemone nemorosa), Dtm.; *7.* Ruprechtskraut, Stinkender Storchschnabel (Geranium robertianum), Holst.; *8.* Vielblütige Weißwurz (Polygonatum multiflorum)

Snakenmuss: Kolben-Bärlapp (Lycopodium clavatum), Storm.

Sneeball: Gewöhnlicher Schneeball (Viburnum opulus)

Sneebei: Schneebeere (Symphoricarpus racemosa), Dtm.

Sneeber: Schneebeere (Symphoricarpus racemosa)

Sneeblaum: Schneeglöckchen (Galanthus nivalis), Schönkch., Lbg.

Sneeglöckschen: Schneeglöckchen (Galanthus nivalis)

Sneekiek: Schneeglöckchen (Galanthus nivalis), Holst.

Sneeklock: *1.* Schneeglöckchen (Galanthus nivalis); *2.* **Blaue S.:** Garten-Meerzwiebel (Scilla amoena); *3.* **Grote S.:** Märzenbecher (Leucojum vernum)

Sneetgras: Segge (Carex), Dtm.

Snerbei: Brombeere (Rubus fructicosus), Dtm.

Snerkleever: *1.* Weiß-Klee (Trifolium repens), Pbg.; *2.* Hopfenklee (Medicago lupulina), Storm., Hü., Ang.

Snerkruut: *1.* Acker-Winde (Convolvulus arvensis), Storm., Schenef.; *2.* Winden-Knöterich (Fallopia convolvulus), Storm.; *3.* Kletten-Labkraut (Galium aparine), Dtm., Sgbg.

Snerroos: Acker-Winde (Convolvulus arvensis), Schwabst.

Snerröppel: Wohlriechende Heckenkirsche (Lonicera caprifolium), Sdtm.

Snerwicken: Behaarte Wicke (Vicia hirsuta)

Snieders Morgenrood: Studentenblume (Tagetes patula), Schw., Rdsbg.

Snipp: Kapuzinerkresse (Tropaeolum majus), Lbg.

Snirrkruut: *1.* Winden-Knöterich (Fallopia convolvulus), Holst., Schlesw.; *2.* Kletten-Labkraut (Galium aparine), Holst., Schlesw.

Snirrwichel: Kriechweide (Salix repens), Sgbg.

Snitt: *1.* Gewöhnlicher Sandhalm (Ammophila arenaria); *2.* Sumpf-Reitgras (Calamagrostis canescens)

Snittmeddel: Sumpf-Reitgras (Calamagrostis canescens)

Snittgras: Segge (Carex), Dtm., Hohenw., Kk., Storm., Sgbg., FL, Hü., Stap.

Snittgras: *1.* Gewöhnlicher Sandhalm (Ammophila arenaria); *2.* Strandsimse (Scirpus maritimus), Fehm; *3.* Waldsimse (Scirpus silvaticus), Hohenw.

Snurrber: Brombeere (Rubus fructicosus), Mh.

Snurrkruut: Acker-Winde (Convolvulus arvensis), Sgbg.

Snutenfarber: Feuer-Lilie (Lilium bulbiferum), Lbg.

Soebenaderblatt, Soebenblä: Großer Wegerich (Plantago major)

Soebenboom: Sadebaum (Juniperus sabina)

Soebenjahrsbloom: *1.* Katzenpfötchen/Perlpfötchen (Antennaria dioica/margaritacea), Storm., Wankendf., Kh.; *2.* Sand-Strohblume, Immerschön (Helichrysum arenarium), Sgbg., Wm., Rdsbg., Hü.

Soegendießel: *1.* Acker-Kratzdistel (Cirsium arvense); *2.* Gänse-Distel (Sonchus)

Soegenkohl: Gänse-Distel (Sonchus)

Sofei (Wm., Storm., Fehm., Schw.)**, Sofeu** (Bornh.)**, Soffee** (Kk., Nort., Hü.)**:** Garten-Salbei (Salvia officinalis)

Sofie: *1.* Garten-Salbei (Salvia officinalis), Sdtm., Reinf., Sgbg., FL., Hü., Schw.; *2.* **Breden S.:** Marienblatt (Tanacetum balsamita), Sgbg., Bornh.; *3.* **Graa S.** (Hü.)**, Graue S.** (Schw.)**, Krusen S.** (Sdtm., Wm., Sgbg., Schw.)**, Smallen S.** (Sgbg., Reinf., Hü., Schw.): Garten-Salbei (Salvia officinalis)

Sofienkruut: Weiße Lichtnelke (Silene alba), Hü., Storm.

Soldeber (Ang., Flensb.)**, Solderber** (Flensb.)**, Sollber** (Ang., Nordfr.)**, Solleber** (Wschl.)**, Sollerber** (Flensb., Hü.)**, Soltber** (Stap.)**, Solteber** (Ang., Flensb.)**, Solterber** (Schlesw.): Schwarze Johannisbeere (Ribes nigrum)

Sommereek: Stiel-Eiche (Quercus pedunculata), Hü.

Sorgras: Sumpf-Segge (Carex acutiformis), Holst.

Söötjebast: Seidelbast, Kellerhals (Daphne mezereum), Lbg.

Söötmeddel: Wolliges Honiggras (Holcus lanatus), Sgbg.

Söötmei: Mädesüß (Filipendula ulmaria)

Söötsuger: Weiße Taubnessel (Lamium album), Bramst.

Spa(a)rs: Spargel (Asparagus officinalis), Holst., Pbg., Storm., Wm., FL.

Spargel: Spargel (Asparagus officinalis)

Spark: Feldspark, Spörgel (Spergula arvensis)

Spelg: Haferpflaume, Kriechenpflaume (Prunus insititia), FL

Spergel (Ranz., Kk., Embühren), **Sperk** (Schlesw., Kk.): Feldspark, Spörgel (Spergula arvensis)

Spierböken (Kiel, Hohenw.), **Spierboom** (Hohenw., Schw.): Pfaffenhütchen (Euonymus europaeus)

Spierk: Haferpflaume, Kriechenpflaume (Prunus insititia), Schenef., Hlghf.

Spilg, Spilk: Haferpflaume, Kriechenpflaume (Prunus insititia)

Spillboom: *1.* Eberesche (Sorbus aucuparia), Schw.; *2.* Faulbaum (Rhamnus frangula), Hü.; *3.* Pfaffenhütchen (Euonymus europaeus)

Spittgras: Wiesen-Kammgras (Cynosurus cristatus), Stap.

Spörgel: Feldspark, Spörgel (Spergula arvensis), Dw., Hü., Sgbg.

Sprackel: Faulbaum (Rhamnus frangula), Storm.

Sprackwichel: Bruch-Weide (Salix fragilis), Rdsbg., Schw.

Spreckel: Faulbaum (Rhamnus frangula), Stdm.

Spregen: Faulbaum (Rhamnus frangula)

Sprickel: *1.* Faulbaum (Rhamnus frangula); *2.* Purgier-Kreuzdorn (Rhamnus cathartica), Rdsbg.

Spriekel (Hohn), **Sprietschen** (Storm.): Faulbaum (Rhamnus frangula)

Springkruut: Springkraut (Impatiens nolitangere)

Sprockdann: Balsam-Tanne (Abies balsamea), Kk.

Sprockwichel (Wh., Mh., Hü.), **Sprockwied** (Dtm.): Bruch-Weide (Salix fragilis)

Sprütz: Faulbaum (Rhamnus frangula), Pbg.

Stangenarikel: Große/Echte Schlüsselblume (Primula elatior/veris), Hü., Storm.

Stangenbloom: Rote Lichtnelke (Silene dioica)

Stangenbohn (Hü., Pellw.), **Stangenwicken** (Prb.): Stangen-Bohne (Phaseolus vulgaris)

Stärr: Segge (Carex), Ang.

Steckel: Acker-Kratzdistel (Cirsium arvense), Elbm., Wm., Pbg., Storm.

Steefmudder: Stiefmütterchen (Viola tricolor), Storm., Dtm., Rdsbg., Hus., Hü., Schw.

Steenber: Steinbeere (Rubus saxatilis), Fehm., Storm.

Steenbloom: *1.* Grindkraut (Scabiosa), Schönkch.; *2.* Katzenpfötchen (Antennaria dioica), Storm., Oh.

Steenbookweet: Winden-Knöterich (Fallopia convolvulus), Schw., Flensb.

Steenbusch: Blasentang (Fucus vesiculosus), Fehm., FL

Steendammgras (Storm., Sgbg.)**, Steendammkruut** (Storm.): Einjähriges Rispengras (Poa annua)

Steenfort: Rainfarn (Tanacetum vulgare)

Steenkerk: Schmalblättriger Rohrkolben (Typha angustifolia), FL

Steenkleever: *1.* Faden-Klee (Trifolium minus), Hü.; *2.* Feld-Klee (Trifolium procumbens), Dtm.; *3.* Weiß-Klee (Trifolium repens), Hus., Hü.; *4.* Hopfenklee (Medicago lupulina), Storm.; *5.* Hornklee (Lotus corniculatus), Dtm.

Steenkruut: *1.* Mauerpfeffer, Scharfe Fetthenne (Sedum acre); *2.* Rasen-Steinbrech (Saxifraga decipiens), Wm.

Steenmoos: Mauerpfeffer, Scharfe Fetthenne (Sedum acre), Fehm.

Steenpeper: *1.* Mauerpfeffer, Scharfe Fetthenne (Sedum acre), Hus., Hohn, Stap.; *2.* Acker-Hellerkraut (Thlaspi arvense), Sdtm.

Stekappel: Stechapfel (Datura), Kk., Storm., FL, Bornh., Hü.

Stekel: Acker-Kratzdistel (Cirsium arvense), Kremp.

Stekelber: Stachelbeere (Ribes uva-crispa), Pellw.

Stekers: Dreiteiliger Zweizahn (Bidens tripartita)

Stekkorn: Marien-Distel (Silybum marianum), Dtm.

Stekneddel: Große Brennnessel (Urtica dioica), Fehm.

Steknelk: Vexiernelke (Lychnis coronaria)

Stekrööv: Steckrübe (Brassica napus ssp. napobrassica)

Stern: *1.* Dolden-Milchstern (Ornithogalum umbellatum), Dtm.; *2.* Große Sternmiere (Stellaria holostea), Stap.

Sternbloom: *1.* Scharbockskraut, Feigwurz (Ranunculus ficaria), Fehm.; *2.* Dolden-Milchstern (Ornithogalum umbellatum), Eid.; *3.* Große Sternmiere

(Stellaria holostea), Storm., Hü.; *4.* **Witte St.:** Siebenstern (Trientalis europaea)

Sterr: Segge (Carex), Ang.

Stertbloom: Kapuzinerkresse (Tropaeolum majus), Stap.

Stevelknecht: Dreiteiliger Zweizahn (Bidens tripartita)

Stevelsmer, Stevelwichs: Weiße Fetthenne (Sedum album), Elmsh.

Stickber: Stachelbeere (Ribes uva-crispa), Ranz., Kk., Kh., Itz., Wm., Dtm.

Stickbohn: Stangen-Bohne (Phaseolus vulgaris), Sgbg.

Stickelber, Stickelsber (Ang.)**, Stickerber** (Neum., Dtm.)**:** Stachelbeere (Ribes uva-crispa)

Stinkenhümpel: Gefleckter Schierling (Conium maculatum), Stap.

Stinkfulen: Eberesche (Sorbus aucuparia), Dtm.

Stinkhoot: Stinkmorchel (Phallus impudicus), Ang.

Stinkhorn: Engelwurz (Angelica archangelica)

Stinkkruut: Ruprechtskraut, Stinkender Storchschnabel (Geranium robertianum), Embühren

Stinkroos: Klatschmohn (Papaver rhoeas)

Stocknegelk, Stocknelk: Garten-Nelke (Dianthus caryophyllus), Bornh.

Stockroos: Stockrose (Althaea rosea)

Stocksireen: Rispige Flammenblume (Phlox paniculata)

Stohlbees: Teichsimse (Scirpus lacustris), Sgbg.

Stohldießel: Weg-Distel (Carduus acanthoides), Pellw.

Stolzikum: Brunnenkresse (Nasturtium officinale), Sschl.

Storkbloom: *1.* Wiesen-Schaumkraut (Cardamine pratensis), Löwenstedt; *2.* Wasser-Schwertlilie (Iris pseudacorus)

Stranddießel: Stranddistel (Eryngium maritimum), Fehm.

Strandhaver: Strandroggen (Elymus arenarius)

Strohbloom: *1.* Echte Papierblume (Xeranthemum annuum), Hü.; *2.* Gold-Strohblume (Helichrysum bracteatum), Hü., Ndtm., Kk., Wankendf.; *3.* Sand-Strohblume, Immerschön (Helichrysum arenarium), Hü., Ndtm., Kk., Wankendf.; *4.* Katzenpfötchen (Antennaria dioica), Bramst., Storm.;

5. Perlpfötchen (Antennaria margaritacea), Dtm.; *6.* Sand-Immortelle (Ammobium alatum), FL., Schönkch.

Ströpels: Ampfer (Rumex), Fehm.

Ströpen: Großer Wegerich (Plantago major), Oh.

Strümpels: Ampfer (Rumex), Fehm.

Studentenbloom: Sumpf-Herzblatt (Parnassia palustris), Hü.

Sturzikum: Kapuzinerkresse (Tropaeolum majus), FL, Bornh.

Stutendießel (Hü., Schw., Ang.), **Stuudießel** (Ang.): Gewöhnliche Kratzdistel (Cirsium vulgare)

Stüük: Beifuß (Artemisia vulgaris), Wesselb.

Suderkleever: Sauerklee (Oxalis acetosella), Ahrenviöl

Sugels: Wald-Geißblatt (Lonicera periclymenum), Ang.

Sülk: Rode S.: Kleiner Ampfer (Rumex acetosella), Neum.

Sülverblatt: *1.* Silberblatt (Lunaria annua), Prb.; *2.* Leinkraut (Linaria vulgaris), Storm.

Sülvergroschen: *1.* Trübe Nachtviole (Hesperis tristis); *2.* Silberblatt (Lunaria biennis), Üters.

Sülverpappel (Rdsbg.), **Sülverpöppel:** Silber-/Weiß-Pappel (Populus alba)

Sülverwichel: Silber-Weide (Salix alba), Rdsbg.

Sünnblaum, Sünnbloom: Sonnenblume (Helianthus annuus)

Süreen: Blauer Flieder (Syringa vulgaris), Sgbg.

Süren: *1.* Sauerklee (Oxalis acetosella), Storm., Rdsbg.; *2.* Großer/Kleiner Ampfer (Rumex acetosa/acetosella), Storm., Mh., FL, Ang.

Süring (Holst.), **Süürken** (Holst., Dtm., Elmsh., Storm.): Großer/Kleiner Ampfer (Rumex acetosa/acetosella)

Suufbloom, Suuftitten: Wald-Geißblatt (Lonicera periclymenum), Dtm.

Suugbloom: *1.* Wald-Geißblatt (Lonicera periclymenum), Dtm., Storm., Kk., Sgbg., Schönkch.; *2.* Wohlriechende Heckenkirsche (Lonicera caprifolium), Schw., FL, Bornh.; *3.* **Rode S.:** Wald-Läusekraut (Pedicularis sylvatica), Hü.; *4.* **Witte/Rode S.:** Taubnessel (Lamium album/purpureum)

Suugkruut: Mauerpfeffer, Scharfe Fetthenne (Sedum acre), Elmsh.

Suugnettel: *1.* **Gele S.:** Goldnessel (Lamiastrum galeobdolon); *2.* **Witte/Rode S.:** Taubnessel (Lamium album/purpureum), Stdm., Wm., Elmsh., Storm., Sgbg., FL, Sschl.

Suugranken: Heckenkirsche (Lonicera periclymenum/caprifolium/xylosteum), Dtm., Storm., Kk., Bornh., Sschl.

Suugtitten: *1.* Weiße Taubnessel (Lamium album), Storm.; *2.* Wald-Geißblatt (Lonicera periclymenum), Dtm., Hus., Schwabst.

Suugtrüntjer: Wald-Geißblatt (Lonicera periclymenum), Ndtm.

Süür: Großer/Kleiner Ampfer (Rumex acetosa/acetosella), *vereinzelt*

Suuram: Großer Ampfer (Rumex acetosa), Ang., Flensb.

Suuramfer: Großer Ampfer (Rumex acetosa)

Suuramper: *1.* Großer Ampfer (Rumex acetosa); *2.* **Willen S.:** Krauser Ampfer (Rumex crispus), Schlesw.

Suurbloed: Sauerklee (Oxalis acetosella), Dtm.

Suurbloeder: *1.* Sauerklee (Oxalis acetosella), Wm.; *2.* Krauser Ampfer (Rumex crispus), Wm.

Suurgras: Segge (Carex)

Suurkirsch: Sauerkirsche (Prunus cerasus)

Suurkleever: Sauerklee (Oxalis acetosella)

Suurkohl: Sauerklee (Oxalis acetosella), Bornh.

Suurkruut: *1.* Großer Ampfer (Rumex acetosa), Storm., Sgbg., Hü., Dw.; *2.* Sauerklee (Oxalis acetosella), Bornh., Dw.; *3.* Winden-Knöterich (Fallopia convolvulus), Sgbg.; *4.* Hecken-Knöterich (Polygonum dumetorum), Sgbg.

Suurstengeln, Suurstengels: Großer Ampfer (Rumex acetosa), Dtm.

Swalkenbloom: Wildes Stiefmütterchen (Viola tricolor), Schiffbek

Swansnacken: Kapuzinerkresse (Tropaeolum majus), Meggerk.

Swark: *1.* Feldspark, Spörgel (Spergula arvensis), Kk.; *2.* Vogelmiere (Stellaria media), Dtm.

Swarm: Vogelmiere (Stellaria media), Hohenw., Sdtm.

Swartbern: Faulbaum (Rhamnus frangula), Storm.

Swartkaar: Floh-Knöterich (Polygonum persicaria), Holst.

Swartkarrn: Wasserpfeffer (Polygonum hydropiper), Storm.

Swartpöppel: Schwarz-Pappel (Populus nigra)

Swartsaat: Kornrade (Agrostemma githago), Dtm.

Swartwottel, Swartwöttel, Swartwuttel: *1.* Schwarzwurzel (Scorzonera hispanica); *2.* Beinwell (Symphytum officinale)

Swepmeddel: Pfeifengras (Molinia coerulea), Storm.

Swien(s)bloom: Wiesen-Löwenzahn (Taraxacum officinale), Prb., Storm., Hü., Stap., Wschl.

Swien(s)dießel: *1.* Gänse-Distel (Sonchus oleraceum), Schlesw., Sgbg., Kiel; *2.* Wiesen-Löwenzahn (Taraxacum officinale), Ang.

Swien(s)gras (Eid., Hus., Pellw., Dtm.)**, Swien(s)kruut** (Ranz., Wm., Dtm., Rdsbg.)**, Swienkarr** (Fehm.): Vogel-Knöterich (Polygonum aviculare)

Swolkenbloom, Swulkenbloom: Stiefmütterchen (Viola tricolor), Hohenw., Schenef., Wacken, Kh., Wm., Sgbg.

Swolkenkruut, Swulkenkruut: Schöllkraut (Chelidonium majus), Embühren

Swuppdiwupp: Kletten-Labkraut (Galium aparine), Mschl.

T

Taagesch: Esche (Fraxinus excelsior), Storm., Sgbg.

Taagwichel: Silber-Weide (Salix alba), Fehm.

Taararf: Futter-Wicke (Vicia sativa), Eid., Ndtm.

Taaswick: Zotten-Wicke (Vicia villosa)

Tabaksbloom: Kornblume (Centaurea cyanus) Flensb.

Tammgras: Acker-Fuchsschwanz (Alopecurus myosuroides), Stap.

Tank: *1.* Blasentang (Fucus vesiculosus); *2.* Seegras (Zostera marina)

Taterber: Schwarze Johannisbeere (Ribes nigrum), Oh.

Taterbloom: Waldsimse (Scirpus silvaticus)

Taterkohl: Grünkohl (Brassica oleracea), Prb.

Tat(t)erkoorn: Buchweizen (Polygonum fagopyrum), Mschl.

Teebusch: Spiere (Spiraea salicifolia), Dtm., Storm., Bornh., Sschl.

Teek, Teekruut: Wasserlinse (Lemna minor), Eid.

Teekruut: Spiere (Spiraea salicifolia), Dtm., Storm., Bornh., Sschl.

Teerbloom (Storm., Bornh., Plön), **Teernagel** (Sgbg.): Pechnelke (Lychnis viscaria)

Tehnkruut: Gänse-Fingerkraut (Potentilla anserina), Pbg., Wm., Dtm.

Tellerbloom: Kapuzinerkresse (Tropaeolum majus), Dtm.

Thymian: *1.* Thymian (Thymus vulgaris); *2.* **Willen Th.:** Feld-Thymian (Thymus serpyllum), Hü.

Tied(j)ebei: Moosbeere (Vaccinium oxycoccus), Dtm.

Tiedlööschen: Gelbe Narzisse (Narcissus pseudonarcissus), Dw.

Tieteber: *1.* Moosbeere (Vaccinium oxycoccus); *2.* Preiselbeere (Vaccinium vitis-idaea), Ang., Flensb.

Timian, Timijan: Thymian (Thymus vulgaris)

Timotheegras: Wiesen-Lieschgras (Phleum pratense)

Tinnkruut: Winter-Schachtelhalm (Equisetum hiemale)

Tittenstuten: Wassernuß (Trapa natans), Holst.

Togwichel: Silber-Weide (Salix alba), Hü.

Tremel(s)bloom, Tremerbloom: Kornblume (Centaurea cyanus), Fehm.

Trems: Kornblume (Centaurea cyanus), Lbg., Storm., Oh., Sgbg.

Trippmadam: Weiße Fetthenne (Sedum album), Holst., Hü.

Truerboom: Trauer-Weide (Salix babylonica), Dtm.

Truernegel, Truernelk: Skabiose (Scabiosa atropurpurea), Wankendf.

Truerwichel: Trauer-Weide (Salix babylonica)

Trunkelber: Rauschbeere (Vaccinium uliginosum), Lbg.

Truutsenkruut: Wasser-Hahnenfuß (Ranunculus aquatilis), Langenhorn

Tulepant (Ang.), **Tulipant** (Flensb.), **Tulipantje** (Ahrenviöl), **Tulk** (Dtm., Schönkch., Bornh.), **Tülk** (Wh.), **Tulp:** *1.* Tulpe (Tulipa); *2.* **Seelandsche**

Tulp: Wilde Tulpe (Tulipa sylvestris), Hohenw; *3.* **Wille Tulp:** Schachblume (Fritillaria meleagris), Elbm.; *4.* **Wille Tulp:** Weiße Seerose (Nymphaea alba), Dtm.

Tult: *1.* Stiel-Eiche (Quercus pedunculata), Schw.; *2.* Tulpe (Tulipa), Hü., Schw.

Tült: Tulpe (Tulipa), Dtm., Hü.

Türkenbund: Feuer-Lilie (Lilium bulbiferum), Storm.

Tüteber: *1.* Moosbeere (Vaccinium oxycoccus), Holst., Dtm., Schw.; *2.* Preiselbeere (Vaccinium vitis-idaea), Dtm.

Tutenbloom: *1.* Acker-Winde (Convolvulus arvensis), Kk.; *2.* Petunie (Petunia), Storm.; *3.* Fingerhut (Digitalis), Prb.

Tüterber: Moosbeere (Vaccinium oxycoccus), Sdtm.

Tuterkruut: Knolliger Kälberkropf (Chaerophyllum bulbosum), Stap.

Tütteber: Moosbeere (Vaccinium oxycoccus), Holst., Dtm., Schw.

Tuuneek: Stiel-Eiche (Quercus pedunculata)

Tuunrank, Tuunreet (Prb.): Kletten-Labkraut (Galium aparine)

Tuutsia: Petunie (Petunia), Kh.

Tymijan: Thymian (Thymus vulgaris)

U

Ulefies: Bovist *(wenn er gelbbraun ist)* (Lycoperdon gemmatum/bovista), Hus., Ang.

Ulenbloom: Blaue Schwertlilie (Iris germanica), Prb.

Uler: Schwarz-Erle (Alnus glutinosa), Hohenw.

Unverdren (Sgbg.), **Unvertre** (Storm.), **Unvertreden** (Fehm.), **Unvertret** (Holst.), **Unvertritt** (Dtm., Pbg., Kk., Ranz., Storm., Sgbg., FL, Plön, Hü.): Vogel-Knöterich (Polygonum aviculare)

V

Vagelberboom: Eberesche (Sorbus aucuparia)

Vagelberbusch: Faulbaum (Rhamnus frangula), Sgbg.

Vagelbloom: Stiefmütterchen (Viola tricolor), Sdtm., Stap.

Vagelkirsch: Süßkirsche, Vogelkirsche (Prunus avium)

Vagelkruut: *1.* Vogel-Knöterich (Polygonum aviculare), Hü.; *2.* Kreuzkraut, Stolzer Heinrich (Senecio vulgaris), Prb.; *3.* Vogelmiere (Stellaria media), Ang.

Vagelmier: Vogelmiere (Stellaria media)

Vageltritt: Vogel-Knöterich (Polygonum aviculare), Nordfr.

Veeraderblatt: Großer Wegerich (Plantago major), Barmst.

Veerblatt: Einbeere (Paris quadrifolius)

Veigel: Hunds-Veilchen (Viola canina), Wh.

Veilchen: Veilchen (Viola)

Verdrussbloom: Kriechender Günsel (Ajuga reptans), Flensb., Storm.

Vergetmini *[vereinzelt]*, **Vergißmeinnicht:** Vergißmeinnicht (Myosotis)

Vi(j)ol: *1.* Gewöhnliche Nachtviole (Hesperis matronalis), Dtm., Mh.; *2.* Trübe Nachtviole (Hesperis tristis), Dtm., Mh.

Vijol: *1.* Veilchen (Viola), Schw.; *2.* Echtes Barbenkraut (Barbarea vulgaris), Ang.; *3.* **Gel V.:** Goldlack (Cheiranthus cheiri), Storm.; *4.* **Witte V.:** Rispige Flammenblume (Phlox paniculata)

Voßstert: *1.* Acker-Fuchsschwanz (Alopecurus myosuroides), Dw.; *2.* Fuchsschwanz (Amaranthus), Holst.; *3.* Acker-Schachtelhalm (Equisetum arvense)

Voßswans: *1.* Fuchsschwanz (Amaranthus), Schlesw.; *2.* Acker-Schachtelhalm (Equisetum arvense), Ang., Tondern; *3.* Blutweiderich (Lythrum salicaria), Dtm., Nordfr.

W

Waartenkruut: *1.* Schöllkraut (Chelidonium majus), Storm., Sgbg., Dtm., Hus.; *2.* Garten-Wolfsmilch (Euphorbia peplus), Sgbg., Fehm., Ang.

Wagentraansbloed: Großer Wegerich (Plantago major), Pbg.

Wallgras: Hain-Rispengras (Poa nemoralis)

Wandroos: Stockrose (Althaea rosea), Dtm.

Wateralweh: Krebsschere (Stratiotes aloides)

Waterbees: Teichsimse (Scirpus lacustris)

Waterbloom: Wasser-Hahnenfuß (Ranunculus aquatilis), Storm.

Waterdost: Wilder Dost (Origanum vulgare)

Waterkruut: *1.* Echter-Ehrenpreis (Veronica officinalis), Hohn; *2.* Großer Wegerich (Plantago major), Elmsh.

Waterliesch: *1.* Wasser-Schwertlilie (Iris pseudacorus); *2.* Schwanenblume, Wasserliesch (Butomus umbellatus)

Waterlill: Wasser-Schwertlilie (Iris pseudacorus)

Watermoos: Torfmoos (Sphagnum)

Waterroos: *1.* Weiße Seerose (Nymphaea alba); *2.* Gelbe Teichrose (Nuphar luteum)

Waterschrepp (Wh.)**, Waterseerampfer** (Pellw.): Fluss-Ampfer (Rumex hydrolapathum)

Watersloetelbloom: Wasserfeder (Hottonia palustris)

Watertähn: Korb-Weide (Salix viminalis), Wm.

Watertulk: Weiße Seerose (Nymphaea alba), Klaus Groth

Waterwichel: Weide (Salix), Pellw.

Weet (Schlesw., Dtm., Elbm.)**, Weeten:** Weizen (Triticum)

Weg'binn (Holst.)**, Weg'winn:** Acker-Winde (Convolvulus arvensis)

Wei(d)kruut: Blutweiderich (Lythrum salicaria), Sgbg.

Weit (Schlesw., Dtm., Elbm.)**, Weiten:** Weizen (Triticum)

Wepeldoorn: Hunds-Rose, Hecken-Rose (Rosa canina), Schw.

Werderbloom: Acker-Gauchheil (Anagallis arvensis)

Wermk: Wermut (Artemisia absinthium), Föhr, Amrum

Wesselber: Süßkirsche, Vogelkirsche (Prunus avium), Storm., Sgbg., Schönkch., Plön., Dw., Schw.

We'werrn (Neust.), **We'winden** (FL), **We'winn** (Storm., Sgbg., FL, Plön, Schönkch., Schw.): Acker-Winde (Convolvulus arvensis)

Wichel: *1.* Weide (Salix); *2.* **Blanke W.:** Lorbeer-Weide (Salix pentandra); *3.* **Gele/Rode W.:** Purpur-Weide (Salix purpurea); *4.* **Graue W.:** Grau-Weide (Salix cinerea); *5.* **Griese W.:** Sal-Weide (Salix caprea), Hü.: *6.* **Griese W.:** Grau-Weide (Salix cinerea); *7.* **Grote W.:** Sal-Weide (Salix caprea); *8.* **Wille W.:** Winden-Knöterich (Fallopia convolvulus), Wm.; *9.* **Wille W.:** Wasser-Knöterich (Polygonum amphibium), Dtm.

Wichelkruut: Knöterich (Polygonum), Schönkch., Prb., Plön.

Wichelroos: Weidenröschen (Epilobium), Hus.

Wick: Wicke (Vicia)

Wied: Weide (Salix)

Wiefkniefen (Windbgn.), **Wiefkniepen** (Kiel): Dornige Hauhechel (Ononis spinosa)

Wiegel: Weide (Salix), Schw., Viöl

Wien: *1.* Weinstock (Vitis vinifera); *2.* **Wille W.:** Wilder Wein (Ampelopsis quinquefolia)

Wienber: Steinbeere (Rubus saxatilis), Ang.

Wienkirsch: Sauerkirsche (Prunus cerasus)

Wienroos: *1.* Essig-Rose (Rosa gallica), Hü.; *2.* Wein-Rose (Rosa rubiginosa), Hü.

Wiepdoorn: Hunds-Rose, Hecken-Rose (Rosa canina), Fehm., FL

Wiepeldoorn: *1.* Hunds-Rose, Hecken-Rose (Rosa canina), Fehm., FL; *2.* Schwarzdorn (Prunus spinosa), Dtm.; *3.* Purgier-Kreuzdorn (Rhamnus cathartica), Bujendorf

Wier: *1.* Blauer Flieder (Syringa vulgaris), Sdtm., Storm.; *2.* Vogel-Knöterich (Polygonum aviculare), FL. Dw.

Wierling: Lolch (Lolium) Wschl. Küste

Wievergnick (Sgbg.), **Wieverknick** (Sgbg.), **Wieverknie(n)** (Hü.): Dornige Hauhechel (Ononis spinosa)

Willgass: Mäuse-Gerste (Hordeum murinum), Fehm.

Willhaver: Flughafer (Avena fatua)

Willkohl: Acker-Senf (Sinapis arvensis), Ang., Schw.

Windpuffer: Bovist (Lycoperdon), Ndtm.

Winn: *1.* Acker-Winde (Convolvulus arvensis); *2.* **Siede W.:** Dreifarbige Winde (Convolvulus tricolor), Hü.

Winteraster: Winteraster (Chrysanthemum indicum)

Wintereek: Trauben-Eiche (Quercus sesiliflora), Hü.

Wischengeld: Großer Klappertopf (Rhinantus serotinus), Embühren

Wischenkohl: Kohl-Distel (Cirsium oleraceum), Storm.

Wisselber: *1.* Süßkirsche, Vogelkirsche (Prunus avium); *2.* Sauerkirsche (Prunus cerasus)

Wittböök: *1.* Weißbuche (Carpinus betulus); *2.* Rotbuche (Fagus silvatica), Embühren

Wittdoorn, Wittdurn: Weißdoorn (Crataegus monogyna/oxyacantha)

Wittkohl: Weißkohl (Brassica oleracea)

Wittmützengras: Wolliges Honiggras (Holcus lanatus)

Wittwaartenkruut: Garten-Wolfsmilch (Euphorbia peplus), Fehm.

Woddel, Wöddel: Möhre (Daucus carota)

Wohlsbloom: Arnika, Wohlverleih (Arnica montana), Rdsbg.

Wokerbloom: Wucherblume (Chrysanthemum segetum)

Wördel: Möhre (Daucus carota), Dw.

Wörken: Wermut (Artemisia absinthium), Storm., Üters., Bredst.

Wörm(d) (Holst.), **Wörmk** (Pbg., Storm., Lbg.), **Wörmken** (Storm.): Wermut (Artemisia absinthium)

Wormkruut: Rainfarn (Tanacetum vulgare), Sgbg.

Wortel (Holst., Dtm., Kiel.), **Wörtel** (Holst.), **Wottel** (Schlesw., Fehm., Neum.), **Wöttel** (Oh., Mh., Storm., Ranz.): Möhre (Daucus carota)

Wrangen, Wrangenkruut (Storm.), **Wrangkruut:** Nieswurz (Helleborus niger/viridis)

Wremm (Oh.), **Wremp** (Ang., Schw., Hü., Rdsbg., Wm., Kremp,. Bramst., Kk., Storm.), **Wrempen** (Hü., Dtm., Hadem., Storm.), **Wrempten** (Dtm., Jevenst.), **Wremt** (Dtm.): Wermut (Artemisia absinthium)

Wriedgnicken (FL), **Wriefkniepen** (Plön): Dornige Hauhechel (Ononis spinosa)

Wrömk (Storm., Ratzebg.), **Wrömken** (Storm., Ratzebg.), **Wrömm** (FL, Schenef., Bornh.), **Wrömmen** (Dtm.): Wermut (Artemisia absinthium)

Wrömp: *1.* Wermut (Artemisia absinthium); *2.* **Wille Wr.:** Beifuß (Artemisia vulgaris), Pellw.

Wrömpen (Dtm., Stap., Sgbg.), **Wrömt** (Holst., Plön, Hus., Sschl.), **Wrümp** (Wschl., Hus., Sschl., Schw., Ggd. v. Kiel), **Wrümpen** (Dtm.), **Wrümt** (Wschl.): Wermut (Artemisia absinthium)

Wröpen: Großer Wegerich (Plantago major)

Wullgras: Wollgras (Eriophorum vaginatum)

Wullkruut: Wundklee (Anthyllis vulneraria), Fehm.

Wullschlöhn: Haferpflaume, Kriechenpflaume (Prunus insititia), Hü.

Wulmerlei (Fehm.), **Wulverlei** (Fehm.), **Wülverlein** (Hus.): Arnika, Wohlverleih (Arnica montana)

Wurtel (Ang., Dtm.), **Wuttel** (Wh., Schlesw.), **Wüttel** (Dtm.): Möhre (Daucus carota)

Z

Zegenfarn: Wurmfarn (Dryopteris filix mas), Lbg.

Zettelröösch (Kh.), **Zettleesch** (Eid.), **Zettlöös** (Stap.), **Zettlöösch(en):** Narzisse (Narcissus pseudonarcissus/poeticus)

Zichori, Zichuurn: Wegwarte (Cichorium intybus)

Ziepel, Ziepoll (Lbg., Schw.): Zwiebel (Allium cepa)

Ziguurn: Wegwarte (Cichorium intybus)

Zillergööschen (Kollmar), **Zillerrööschen** (Elmsh.): Narzisse (Narcissus pseudonarcissus/ poeticus)

Zinnkruut: Winter-Schachtelhalm (Equisetum hiemale), Schw.

Zippel: Zwiebel (Allium cepa)

Zireen: Blauer Flieder (Syringa vulgaris)

Zitroonmeliss: Melisse (Melissa officinalis), Schw.

Zittelrööschen (Holst., Oh., Kh., Storm.), **Zitterbrööschen** (Wm.), **Zittergööschen** (Reinfeld): Narzisse (Narcissus pseudonarcissus/poeticus)

Zittergras: Zittergras (Briza media)

Zitterrööschen (Dtm., Pbg., Storm.), **Zittledsche** (Prb.), **Zittlöös** (Lbg., Storm., Sgbg.): Narzisse (Narcissus pseudonarcissus/poeticus)

Zittlöösch: *1.* **Gele Z.:** Gelbe Narzisse (Narcissus pseudonarcissus); *2.* **Witte Z.:** Weiße Narzisse (Narcissus poeticus)

Zittlööschen (Dtm., Storm., Ggd. v. Kiel), **Zittröösch** (Sdtm.): Narzisse (Narcissus pseudonarcissus/poeticus)

Zuckerbloom: Milzkraut (Chrysoplenium), Sgbg.

Zuckertitt: *1.* Goldnessel (Lamiastrum galeobdolon), Dtm.; *2.* Wald-Geißblatt (Lonicera periclymenum), Dtm.

Züreen: Blauer Flieder (Syringa vulgaris)

Teil 2

HOCHDEUTSCH – BOTANISCH – PLATTDEUTSCH

A

Adlerfarn (Pteridium aquilinum): Slangenkruut; Snakenkruut (Bramst.); Groot Fa(h)rnkruut

Ahorn (Acer): Ahrn(boom); Ahorn *[aus dem Hochdeutschen]*

Ahorn, Berg- (Acer pseudoplatanus): Läten (Sgbg.); Loen; Loeten (Sgbg.)

Ahorn, Feld- (Acer campestre): Hartboom (Eutin); Kruusaabel (Oh.); Kruusaawel; Kruusaawok (Prb.); Krusenaawold (Dw.); Kruusepeldurn (Lbg., FL); Macholler (Hü.)

Akelei (Aquilegia vulgaris): Akelei; Klaken(bloom); Klocken(bloom) (Storm., Mh., Dtm., Stap., Hü., Pellw.); Klöckern (Storm.)

Alant (Inula helenium): Aland (Wm., Dtm.)

Aloe, Baumartige: (Aloe arborescens): Alweh (Sdtm.); Brandbloom; Brandboom

Aloe, Bunte: (Aloe variegata): Bunten Alweh

Ampfer: *1.* (Rumex, *große Arten*): Dunnerlerchen (Prb.); *2.* (Rumex): Schrepp (Ang., Schw., Hü.); Ströpels (Fehm.); Strümpels (Fehm.)

Ampfer, Fluss- (Rumex hydrolapathum): Aalkruut (Hü.); Botterblatt; Waterschrepp (Wh.); Waterseerampfer (Pellw.)

Ampfer, Garten- (Rumex): Seerampfer (Pellw.)

Ampfer, Großer (Rumex acetosa): Kaaksuur (Wm.); Kackelasuur (Kh.); Kakesuur (Holst.); Kukerisuur (Sgbg.); Kukersuur (Bgth.); Kukesuur (Kk., Bramst.); Kukukssuur; Loek; Lörch; Lörk (FL, Sgbg., Schw.); Lürk (Schw.); Rode Rerrer (Eid.); Roodstruck (Dtm.); Roodstrunk (Stap., Dtm., Storm.); Süren (Storm., Mh., FL, Ang.); Süring (Holst.); Süür *[vereinzelt]*; Suuram (Ang., Flensb.); Suuramfer; Suuramper; Süürken (Holst., Dtm., Elmsh., Storm.); Suurkruut (Storm., Sgbg., Hü., Dw.); Suurstengels (Dtm.); Suurstengeln (Dtm.)

Ampfer, Kleiner (Rumex acetosella): Roden Hinnerk (Oh., *absterbend*); Rode Sülk (Neum.); Süren (Storm., Mh., FL, Ang.); Süring (Holst.); Süür (*vereinzelt*); Süürken (Holst., Dtm., Elmsh., Storm.); Wille Seerampfer (Pellw.)

Ampfer, Krauser (Rumex crispus): Botterblatt; Botterbloom (Dtm.); Gelrood (Pellw.); Larkenblatt (Stap.); Lerchen (Hü., Schw.); Lerchenblatt (Bramst., Kk.); Lerken (Hü., Schw.); Willen Suuramper (Schlesw.)

Ampfer, Stumpfblättriger: (Rumex obtusifolius): Lerchen/Lerken (Schönkch.); Loek; Lörch; Lörk (FL, Sgbg., Schw.); Scharntüder (Schlesw.); Schetbläder (Hus., Ang.); Schrepplörken

Andorn (Marrubium vulgare): Doert (Storm.); Doort

Apfelbaum, Wilder (Malus sylvestris): Appeldoorn; Hölkappel (Sgbg., Storm.); Holtappel; Hörkappel (Schönkch.)

Arnika/Wohlverleih (Arnica montana): Arnikabloom; Goldbloom (Storm.); Wohlsbloom (Rdsbg.); Wulmerlei (Fehm.); Wulverlei (Fehm.); Wülverlein (Hus.)

Aster (Aster chinensis): Aster

Augentrost (Euphrasia officinalis): Ogentroost

Aurikel, Rote (Primula auricula); Oosterbloom (Sdtm., Kremp., Elbm., Itz.)

B

Baldrian, Echter (Valeriana officinalis): Balderjaan; Bullerjahn; Kattenkruut (Dtm.)
Baldrian, Sumpf- (Valeriana dioica): Grüttbloom (Hü, Rdsbg.)

Balsamine (Impatiens balsamina): Schoosterbloom

Barbenkraut, Echtes (Barbarea vulgaris): Vijol (Ang.)

Bärenklau, Wiesen- (Heracleum sphondylium): Barenklau; Bullenklau (Kk.); Hexenkohl (Schw.)

Bärlapp (Lycopodium): Fettbock (Pbg.); Fuchsschwanz (Ang.); Ravenswans (Ang.); Slangenkruut (Kk.)
Bärlapp, Kolben- (Lycopodium clavatum): Iloh (Storm.); Kreihenfoot (Storm.); Slangenmoss (Wh.); Snakenmuss (Storm.)

Basilikum (Ocimum basilicum): Brummsilk; Bruunsilk(en) (Wm.)

Bauernrose (Paeonia officinalis): *s.* Pfingstrose

Begonie (Begonia discolor); Operstehungsbloom

Beifuß (Artemisia vulgaris): Bessenkruut (Ang.); Kreihenfoot; Matten (Hus.); Muggert (Storm., Sdtm.); Muckert (Storm., Sdtm.); Stüük (Wesselb.); Wille Wrömp (Pellw.); *siehe auch die Namen unter „Wermut"*

Beifuß, Strand- (Artemisia maritima): Willj Krüüs (Föhr)

Beinwell (Symphytum officinale): Smerwuddel (Ndtm.); Swartwottel, Swartwöttel, Swartwuttel

Besenginster (Cytisus scoparius): Bessenkruut; Braam; Braamt (Sdtm.); Braan (Rdsbg.); Bramm (Stap.); Bramp (Dtm.); Geil(en) (Ang., Nordfr.)

Bibernelle (Pimpinella): Pimpe(r)nell

Bilsenkraut, Schwarzes (Hyoscyamus niger): Bilsenkruut; Dull Dill; Dulldill(en) (Holst.); Dulldübsen (Dtm.); Dullkruut (Holst.)

Bingelkraut (Mercurialis perennis): Bing; Fievfingerkruut (Ang., Hohn)

Binse (Juncus): Aurüsch; Bees; Gnurrbaart (Fehm.); Risch (Wh.); Röösch (Hohenw.); Rosch (Ndtm., Wschl.); Rösch (Viöl); Roscher (Eid.); Rusch (Wm., Neum., Schönkch., Prb., Fehm., Hü., Stap.); Rüsch (Storm., Dtm., Sschl., Hus.); Rüschel (Wschl.); Rüscher (Eid.); Ruusch (Wm., Neum., Schönkch., Prb., Fehm., Hü., Stap.); Rüüsch (Storm., Dtm., Sschl., Hus.); Sieves *[pl.]* (Ang.)

Binse, Flatter- (Juncus effusus): Duttel(n) (Storm.)

Binse, Sparrige (Juncus squarrosus): Flöhkruut (Hü.)

Birke (Betula alba): Bark; Birk

Bisamkraut (Adoxa moschatellina): Moschuskruut

Bitterklee (Menyanthes trifoliata): Bitterblatt (Holst.); Dreeblatt; Feeverkruut (Sgbg., Storm.)

Bittersüß (Solanum dulcamara): Muusdoorn (Wh.); Muusholt (Flensb., Storm.)

Blasentang (Fucus vesiculosus): Blasendang (Nordseeküste); Knacker (Pellw.); Meerkleever (Fehm., Prb.); Steenbusch (Fehm., FL); Tank

Blumenbinse (Scheuchzeria palustris): Bullenpesel (Glückst.)

Blutauge, Sumpf- (Comarum palustre): Preesterknööp (Bramst)

Blutweiderich (Lythrum salicaria): Iesenhart (Storm.); Voßswans (Dtm., Nordfr.); Wei(d)kruut (Sgbg.)

Blutwurz (Potentilla erecta): Bloodwuttel; Gel Heidbloom (Storm.); Heidegger (Bramst.); Heidecker (Mh., Ndtm.); Moorecker (Dtm., Stap.); Roodwuttel (Ndtm.)

Bocksbart (Tragopogon pratensis): Jittbaart (Ndtm., Stap.)

Bohne, Brech-/ Schnitt- (Phaseolus vulgaris): Buschbohnen (Hü.); Krüpelbohn (Hü.); Krüperbohn (Sgbg., Schw.); Krüperwicken (Prb.); Kruupbohn; Krüüpbohn (Wm., Kk.); Krüüptorscharfen *(pl.)* (Wm.); Walsche Bohnen (Dtm., Ang.)

Bohne, Bunte (Phasoleus multiflorus): Füerbohn (Sgbg.)

Bohne, Feuer- (Phaseolus coccineus): Füerbohn

Bohnen, Schnitt- (Phaseolus vulgaris): Fietsbohnen (FL)

Bohne, Stangen- (Phaseolus vulgaris): Stangenbohn (Hü., Pellw.); Stangenwicken (Prb.); Stickbohn (Sgbg.)

Bohnenkraut (Satureja hortensis): Bohnenkruut; Küll (Pbg.); Peperkruut

Borstengras (Nardus stricta): Bocksbaart (Storm., Kk., Hohenw.); Jöch (Ang.); Kattenbaart

Bovist/Stäubling (Lycoperdon gemmatum/bovista): Kattei *[wenn er weiß ist]* (Hus., Ang.); Paufies (Oh., Mh.); Poffies (Ang., Kk.); Pofies (Ndtm., FL, Dw.); Pofiss (Stap., Dtm., Wm., Kh., Sgbg., Neust.); Powiss (Schw.); Puffer (Ndtm.); Pufferts (Ang.); Puffits (Ang.); Puwiss (Wh.); Ulefies *[wenn er gelbbraun ist]* (Hus., Ang.); Windpuffer (Ndtm.)

Bovist, Großer (Lycoperdon bovista): Hexenmehl (Wh.)

Brennnessel, Große (Urtica dioica): Grote Brennettel; Dunnernettel (Holst.); Grote Nettel; Stekneddel (Fehm.)

Brennnessel, Kleine (Urtica urens): Lütte/Kruse Brennettel; Dunnernettel (Schw.); Hesenettel (Bornh., Dw.); Hiddelnettel (Storm., Kk., Sgbg., Prb.); Hiddernettel (Sh., Hus., Prb., Kiel, Plön, Sgbg.); Hillernettel (Storm.); Hinnernettel (Schönkch.); Hirsenettel (FL); Hittnettel (Ndtm., Prb.); Katernettel (Stap., Rdsbg., Hohenw.); Lütte Nettel

Brombeere (Rubus fructicosus): Brammer-/Brammelber (Hohn., Rdsbg., Prb., Wankendf., Schönkch.); Brommber (Schlesw.); Brommelber (Holst., Dw., Schw., Hü.); Brummber (Schlesw.); Brummelber (Holst., Dw., Schw., Hü.); Brummeldoorn (Mh.); Brummerber (Stap., Dw., Oh.); Geil (Ang. 1850); Snerbei (Dtm.); Snurrber (Mh.)

Brunnenkresse (Nasturtium officinale): Bormkasch; Bornkass; Looproos (Schw.); Stolzikum (Sschl.)

Buche, Rot- (Fagus silvatica): Böök; Roodböök; Wittböök (Embühren)

Buche, Blut- (Fagus silvatica var. purpurea): Bloodböök; Rood Böök (Hü.)

Buchsbaum (Buxus sempervirens): Bischbusch (Prb.); Bocksboom (Pellw.); Buschboom; Bussboom (FL); Buxboom

Buchweizen (Polygonum fagopyrum): Bockweten (Schw.); Bookweet (Schlesw., FL); Bookweeten; Bookwiet (Stap., Hus.); Buckweeten (Wm., Sdtm., Schw., Ang.); Heidecker(Ang.)

Buchweizen, Tatarischer (Polygonum tataricum): Poolschen Bookweten; Willen Bookweeten; Smattkarr (FL)

Busch-Windröschen (Anemone nemorosa): Adebaarsbloom (Delve, Schwabst.); Feeverbloom (Ang.); Fettbloom (Ang.); (Witte) Holtbloom (Ang.); Oosche (Dtm.); Oosterbloom; Oostersteern; Snakenkruut (Dtm.)

C

Christrose (Helleborus niger): Wrangen; Wrangenkruut (Storm.); Wrangkruut

Cinerarie, Aschenblümchen (Senecio cruentis/Cineraria): Aschbloom (Pellw., Dtm.)

D

Dill (Anethum graveolens): Dill

Distel (Cirsium/Carduus): Dießel; Diester (Kk., Hohn); Dietsel (Ang.); Dißel
Distel, Gänse- (Sonchus): Goosdießel (Bornh.); Melkdießel; Soegendießel; Soegenkohl; Swien(s)dießel (Schlesw., Sgbg., Kiel)
Distel, Kohl- (Cirsium oleraceum): Slappkohl (Warder); Wischenkohl (Storm.)
Distel, Nickende: (Carduus nutans): Doorn; Füerdießel (Sgbg.)
Distel, Weg- (Carduus acanthoides): Dießeldoorn (Dtm.); Stohldießel (Pellw.)

Dost, Wilder (Origanum vulgare): Waterdost

Dotterblume, Sumpf- (Caltha palustris): Botterbloom; Kohbloom; Kohlöök, Oosterbloom

E

Eberesche (Sorbus aucuparia): Fleutenholt (Hü.); Fleutenstock (Rdsbg.); Palm (Kk.); Quetsch (Dtm.); Quietsch (Hohn); Quitsch; Quitschboom; Quitschbusch; Rönn (Ang., *selten*); Spillboom (Schw.); Stinkfulen; Vagelberboom

Eberraute (Artemisia abrotanum): Aalkruut (Sdtm.); Ewerrau (Sgbg.); Ewerriek (Dtm.); Ewerritjen (Hü.); Ewerritt (Hü.); Ewerrood; Hewerrood (Fehm.); Hoffmannsrood (Kk.); Hoffrau (Sgbg.); Hoffraut (Reinf.); Hoffrood (Dtm., Storm., Kk., Schwabst., Eid.); Hoffrooj (Wm.); Hoffroon (Hü.); Hoffruu (Kh.); Hoffruuk (Storm.); Hoffruurt (Föhr); Rükelbusch; Slaapkruut (Storm.)

Efeu (Hedera helix): Efa; Efarank; Efeu; Ibenloh (Storm., Sgbg.); Ibenloof; Iloh (Holst.); Iloof

Ehrenpreis (Veronica): Fedderboom (Dtm.)
Ehrenpreis, Bachbungen- (Veronica beccabunga): Lüün (Westensee)
Ehrenpreis, Echter (Veronica officinalis): Ehrenpries; Waterkruut (Hohn)
Ehrenpreis, Gamander- (Veronica chamaedrys): Agenbloom (Prb.); Ehrenpries

Eiche (Quercus): Eek; Eeken (Dtm., Pbg., Rdsbg., Hohn, Schw.); Eeker
Eiche, Stiel- (Quercus pedunculata): Sommereek (Hü.); Tult (Schw.); Tuuneek
Eiche, Trauben- (Quercus sesiliflora); Wintereek (Hü.)

Einbeere (Paris quadrifolius): Veerblatt

Eisenhut, Blauer (Aconitum napellus): Adam un Eva (Nordfr., Eid., Mh., Eckf.); Grootmoder(s)kapp (Storm.); Grootmoder(s)mütz (Dtm.); Höllmützen (Dw.); Judenkapp (Stap.); Judenmütz (Stap., Storm.); Kreihenfoot (Stap., Rdsbg.); Kutschbloom (Hus., Sgbg.); Kutschpeer (Schw., Dw., Storm.); Kutsch un Peer (Westküste Schleswigs, Pellw., Flensb., Hü., Rdsbg., Dtm., Mh.); Kutschwagen (Hohenw.); Peerd un Kutsch; Peerd un Waag (Schlesw.); Peerd un Wagen (Schlesw.); Peerkutsch; Peerkutscher
Eisenhut, Gelber (Aconitum vulparia): Narrenkapp (Mh.)

Eisenkraut (Verbena officinalis): Iesenhart (Storm.); Iesenkruut

Engelwurz (Angelica archangelica): Stinkhorn

Enzian, Lungen- (Gentiana pneumonanthe): Königsbloom (Hü., Itz.)

Erbsen (Pisum): Arfen
Erbsen, Acker- (Pisum arvense): Griese Arfen
Erbsen, Garten- (Pisum sativum): Gele/Gröne Arfen

Erbsen, Türkische (Phaseolus vulgaris): Törksche Arfen (Sh.); Krüüptorscharfen (Wm.)

Erdbeere (Fragaria): Eer(d)ber; Eer(d)bei (Dtm.)

Erdrauch (Fumaria officinalis): Brüdigamskruut (Storm., Kiel, Hü.); Brüdigamsmannsleev; Mannsleef (Storm., Hü.)

Erle, Grau- (Alnus incana): Norrsche Eller (Rdsbg.); Swedsche Eller (Kk.)
Erle, Schwarz- (Alnus glutinosa): Eller(nboom); Uler (Hohenw.)

Esche (Fraxinus excelsior): Esch(en); Krüüzesch; Taagesch (Storm., Sgbg.)

Espe (Populus tremula): *s.* Pappel, Zitter-

F

Faulbaum (Rhamnus frangula): Fuulberboom (Hus.); Fuulboom; Hunnenbern (Storm., Ranz.); Pulverholt; Spillboom (Hü.); Sprackel (Storm.); Spreckel (Stdm.); Spregen; Sprickel; Spriekel (Hohn); Sprietschen (Storm.); Sprütz (Pbg.); Swartbern (Storm.); Vagelerbusch (Sgbg.)

Federgras (Stipa pennata): Feddergras; Haargras

Feigwurz (Ranunculus ficaria): *s.* Scharbockskraut

Feldspark/Spörgel (Spergula arvensis): Ackerspark; Feldspark (Bornh.); Höhnergras (Schlesw.); Jark (Dtm., Pbg., Bramst., Hü.); Jarr (Storm.); Jerr (Storm.); Jirr (Storm.); Kneegras (Holst.); Knüttgras (Holst.); Negenklee; Negenknee (Holst., Sgbg.); Negenknick (Wm.); Spark; Spergel (Ranz., Kk., Embühren); Sperk (Schlesw., Kk.); Spörgel (Dw., Hü., Sgbg.); Swark (Kk.)

Fenchel (Foeniculum): Finkel (Holst.); Finnkohl (Wm.)

Fetthenne, Große (Sedum telephium): Dunnerbessen (Holst.); Dunnerkruut (Holst., Dtm.); Frier un Bruut; Iesbloom (Schw.); Johanniskruut; Johannislooch (Stap., Dtm., Föhr); Johannisloof (Stap., Dtm., Föhr); Johannissloetel (Stap., Dtm.)
Fetthenne, Rote (Sedum purpureum): Johanniskruut (Bramst.)
Fetthenne, Scharfe (Sedum acre): *s.* Mauerpfeffer
Fetthenne, Weiße (Sedum album): Stevelsmer (Elmsh.); Stevelwichs (Elmsh.); Trippmadam (Holst., Hü.)

Fettkraut, Blaues (Pinguicula vulgaris): Kiewittsbloom (Hü.)

Fieberklee (Menyanthes trifoliata): s. Bitterklee

Fingerhut (Digitalis): Kutschpeerd (Ang.); Tutenbloom (Prb.)
Fingerhut, Roter (Digitalis purpurea): (Roden) Fingerhoot (Prb.)

Fingerkraut, Gänse- (Potentilla anserina): Botterbloom (Pellw.); Goosbloom (Ang.); Gooskruut; Gööskruut; Witten Hinnerk (Prb.); Seemsbläder/ Seemsbloed (Storm., Wm., Stap.); Tehnkruut (Pbg., Wm., Dtm.)

Flachs/Lein (Linum usitatissimum): Flass; Lien
Flachs, Wilder (Myagrum sativum): Wille Flass

Flammenblume, Rispige (Phlox paniculata): Stocksireen; Witte Vijol

Flieder, Blauer (Syringa vulgaris): Blausirien (Pellw.); Blauwiern (Dtm.); Buschboom (Nordfr.); Kaneelbloom (Dtm., Storm.); Pingstbloom (Föhr); Serreen; Sireen; Süreen (Sgbg.); Wier (Sdtm., Storm.); Blaue Wiern (Sdtm.); Zireen; Züreen

Fliegenpilz (Amanita muscaria): Giftswamm

Flohkraut (Pulicaria vulgaris): Polei

Föhre (Pinus): s. Kiefer

Franzosenkraut, Kleinblütiges (Galinsoga parviflora): Franzosenkruut

Frauenschuh (Cypripedium calceolus): Fruensschoh

Froschbiss, Gewöhnlicher (Hydrocharis morsus ranae): Geld(bloom) (Ndtm.)

Froschlöffel (Alisma): Hekblatt (Eid.); Preesterplant (Pellw.)

Fuchsschwanz (Amaranthus): Voßstert (Holst.); Voßswans (Schlesw.)

Fuchsschwanz, Acker- (Alopecurus myosuroides): Flüüs (Dtm.); Flüüsch (Dtm.); Tammgras (Stap.); Voßstert (Dw.)

G

Gagel (Myrica gale): Kienpoost (Wh.); Pors(t); Porsch; Post; Postries (Löwenst.)

Gänseblümchen, Maßliebchen (Bellis perennis): Diekbloom (Ndtm.); Dusendschökel (Duvenstedt); Dusendschön (Ggd. v. Kiel); Dusendskjönken (Ggd. v. Kiel); Goosblauf (Ltjbg.); Goosbloof (Neum.); Goosbloom; Hunnenbloom (Kk.); Kalverbloom (Stap.); Knüllbloom (Mh., Storm.); Kohbloom (Ndtm.); Kükenbloom (Stap.); Madjesbloom (Eid.); Maibloom (Eid.); Mardelbloom; Mardeln (Sdtm. *vereinzelt*); Margelbloom (Sgbg., FL, Plön); Marienbloom (Dtm., Ang.); Markabloom (FL); Mark(s)bloom (Oh., Dw., Flensb.); Markerbloom (Sgbg.); Marlbloom; Marmelbloom (Neum.); Marrbloom (Schönkch.); Marrelbloom (Fehm.); Marribloom (Hus.); Martjen(bloom) (Storm., Dtm.)

Gänsefuß, Weißer (Chenopodium album): Fettmelln; Dänschen Kohl (Mh., Schw.); Mell/Melle/Melln (Hü., Sgbg., Storm., Sdtm.)

Gauchheil, Acker- (Anagallis arvensis): Fuullieschen (Sgbg.); (Rode) Mier(en); Regenbloom; Werderbloom

Geißblatt, Wald- (Lonicera periclymenum): Honnigbloom; Sugels (Ang.); Suufbloom (Dtm.); Suuftitten (Dtm.); Suugbloom (Dtm., Storm., Kk., Sgbg., Schönkch.); Suugranken (Dtm., Storm., Kk., Bornh., Sschl.); Suugtitten (Dtm., Hus., Schwabst.); Suugtrüntjer (Ndtm.); Zuckertitt (Dtm.)

Georgine (Dahlia variabilis): Chinaroos (Kk.); Gien(en) (Wm., Itz., Prb.)

Geranie: *1.* (Pelargonium zoonale/fulgidum): Buntes Geranium; *2.* (Pelargonium macranthum): Grotes/Wittes Geranium

Gerste, Mäuse- (Hordeum murinum): Will Gassen (Dtm., Fehm.); Muusgassen; Willgass (Fehm.)
Gerste, Mehrzeilige (Hordeum vulgare): Gars (Hus.); Garsen (Pellw.); Garsten (Flensb.); Gass (Schlesw.); Gassen; Gast (Schw., Ang.); Gasten (Mh.)
Gerste, Roggen- (Hordeum secalinum): Wille Rogg (Eid.)
Gerste, Sechszeilige (Hordeum hexastichon): Küülgassen
Gerste, Zweizeilige (Hordeum distichon): Tweereegte Gassen

Giersch, Geißfuß (Aegopodium podagraria): Amtmannskohl (Fehm., Dtm.); Bullerjahn; Dreeblatt (Wankendf.); Geeschen; Giersch (FL); Girts (Ndtm.); Gösch; Heers(e) (Dtm.); Heerts (Eid., Schw.); Hirsch (Ndtm.); Hirts (Ndtm., Eid.); Jeuß (Storm); Jiersch (Sgbg.); Jöösch (Sgbg., Storm.); Jörs

(Dtm., Holst., Storm.); Jörsquek (Holst.); Jürs (Storm.); Kreihenfoot (Stap., Hü., Wm.)

Gilbweiderich (Lysimachia vulgaris): Christi Bloodbloom (Storm.); Christibloodbloom (Dtm.)

Ginster (Genista): Geil(en) (Ang., Flensb., Viöl.)
Ginster, Englischer (Genista anglica): Hei(d)doorn (Dtm., Storm., Pbg.); Knackmandel (Hü.)
Ginster, Spanischer (Spartium junceum): Bessenkruut

Glanzgras (Phalaris arundinacea): Bent (Lbg.); Blankgras (Kk.); Blanksaat (Hü.); Bunt Gras; Buntgras (Holst.); Engelsch Gras; Graslook (Dtm.); Meergras (Dtm.)

Glasschmalz (Salicornia europaea): s. Queller

Glatthafer (Arrhenatherum elatius): Raigras (Oh. *1811*)

Glockenblume (Campanula): (Blauen) Fingerhoot (Prb., Stap.); Judenpuus (Wm.); Klocken(bloom) (Dtm., Dw., Schw.); Klöcker (Storm.); Knackbloom (Kh.)

Gnadenkraut (Gratiola officinalis): Gottsgnadenkruut (Sgbg., *vereinzelt*)

Goldlack (Cheiranthus cheiri): Gelvijolen (Schönkch.); Goldlaak *(meist Plural)* (Ang., Kk.); Goldlack *(meist Plural)* (Rdsbg., Hus.); Goldluck *(meist Plural)* (Bornh.); Gollaak [Goll-laak] *(meist Plural)* (Ndtm.); Gollenlaak *(meist Plural)* (Ang.); Göllenlaak *(meist Plural)* (Schw.); Gollock [Goll-lock] *(meist Plural)* (Sdtm., Bornh.); Golluck [Goll-luck] *(meist Plural)* (Dtm.); Güllaa [Güll-laa] *(meist Plural)* (Kh., Itz., Dtm.); Güllaat [Güll-laat] *(meist Plural)* (Dtm., Stap.); Gullaak [Gull-laak] *(meist Plural)* (Schw.); Güllaak [Güll-laak] *(meist Plural)* (Hohn); Güllau [Güll-lau] *(meist Plural)* (Storm., Wm., Sdtm.); Güllenlaak *(meist Plural)* (Schw., Ang., Pellw.); Güllenlook *(meist Plural)* (Schw.); Gülluck [Güll-luck] *(meist Plural)* (Dtm.); Gel Vijol (Storm.)

Goldnessel (Lamiastrum galeobdolon): Gele Suugnettel; Zuckertitt (Dtm.)

Goldregen (Laburnum): Goldref, *pl.* Goldreben (Dw., Kk.); Goldregen; Kaffeboom (Ang.); Kleeverboom (Schönkch.)

Goldstern, Wald- (Gagea lutea): Gele Grasbloom; Oosterbloom (Rdsbg.)

Grasnelke (Armeria maritima): Butendieksgras (Ndtm.); Engelsch Gras; Graslook (Dtm.); Grasnegel; Meergras; Sandbloom (Fehm.)

Gundermann (Glechoma hederacea): Hollermann (Prb.); Peerkrüsemint (Sdtm.)

Günsel, Kriechender (Ajuga reptans): Heelbläd (Rdsbg.); Kiewittsbloom (Storm., Sgbg.); Kukuksbloom; Blaue Kukuksbloom (Hü.); Verdrussbloom (Flensb., Storm.)

Gurke (Cucumis sativus): Agurk (Ang., Flensb.); Gork (Schlesw.); Gurk

Guter Heinrich (Chenopodium bonus-henricus): Goden Heinerich; Hunnentung (Prb.); Rottenkruut (Schönkch.)

H

Hafer (Avena sativa): Haber(n); Haver(n)
Hafer, Flug- (Avena fatua): De schwarte Düvel (Fehm.); Doven Haver (Holst. *1800*); Wille Haver; Willhaver
Hafer, Kurz- (Avena brevis): Lütten Haver (Schenef.)
Hafer, Sand- (Avena strigosa): Rugen Haver; Kaninkenhaver (Wm., Hohenw.)

Haferpflaume, Kriechenpflaume (Prunus insititia): Hoffsleh (FL); Hoffslehn (Sgbg.); Hoffslöhn (Elbm., Rdsbg.); Kreek; Kreet (Dtm., Storm., Lbg.); Kreetel (Storm.); Kreetenplumm (Storm.); Kreik (Storm.); Krek (Kk., Schw.); Spelg (FL); Spierk (Schenef., Hlghf.); Spilg; Spilk; Wullschlöhn (Hü.)

Hahnenfuß, Brennender (Ranunculus flammula): Hahnfoot, *pl.* -fööt
Hahnenfuß, Gift- (Ranunculus sceleratus): Kohbloom
Hahnenfuß, Gold- (Ranunculus auricomus): Botterbloom
Hahnenfuß, kriechender (Ranunculus repens): Botterbloom; Gelknööp; Goldknööp; Hahnfoot, *pl.* –fööt; Gel(e) Knööp (Holst.); Gollen Knööp (Dtm., Stap., Hü., Ang.); Knoopbloom (Dtm., Hus.)
Hahnenfuß, Scharfer (Ranunculus acris): Botterbloom
Hahnenfuß, Wasser- (Ranunculus aquatilis): Poggenkruut (Hü.); Truutsenkruut (Langenhorn); Waterbloom (Storm.)
Hahnenfuß, Zungen- (Ranunculus lingua): Gelwe'winn (FL)
Hahnenfuß, Zwerg- (Myosurus minimus): Muusstert

Hahnenkamm, Zottiger (Celosia cristata): Geldbloom (Sdtm.)

Hain-/Weißbuche (Carpinus betulus): Böök; Haaböök (Lbg.); Häböök; Hahnböök (Oldesl.); Heböök; Heelböök; Wittböök

Hainsimse, Feld-/Haar- (Luzula campestris/pilosa): Hasenbloom (Storm.); Hasengras (Ang.); Hasenhaar (Storm.)

Hanf (Cannabis sativa): Hamp *(selten)*; Hemp; Hennop (Hü.)

Hartheu Hypericum perforatum: s. Johanniskraut

Haselstrauch (Corylus avellana): Hasel (Viöl, Ratzebg.); Hassel; Kloeterbusch (Holst. *1800*); Noetboom; Noetbusch

Hauhechel (Ononis): Harthekel (Lbg.); Hartriegel (Storm.)
Hauhechel, Dornige (Ononis spinosa): Doorn (Dtm.); Heidoorn (Storm., Fehm.); Knacker (Hus.); Kreihendoorn (Ang., Flensb.); Landdoorn (Wankendf.); Sanddoorn (Bornh.); Wiefkniefen (Windbergen); Wiefkniepen (Kiel); Wievergnick/Wieverknick (Sgbg.); Wieverknie(n) (Hü.); Wriedgnicken (FL); Wriefkniepen (Plön)
Hauhechel, Feld- (Ononis campestris): Kreihendoorn (Storm.)

Hauswurz (Sempervivum tectorum): Dackkruut (Storm.); Dacklook; Dunnerbaart (Sh.); Dunnerkruut (Dtm.); Gewitterkruut (Storm.); Huuslaak (FL, Plön, Schönkch.); Huusloch (Storm.); Huusloh (Lbg.); Huuslook; Huuslöök (Nordfr.); Huusluk (Pellw., Schw.)

Heckenkirsche, Wohlriechende (Lonicera caprifolium): Snerröppel (Sdtm.); Suugbloom (Schw., FL, Bornh.)

Hederich (Raphanus raphanistrum): *s.* Rettich, Acker-

Heide, Besen- (Calluna vulgaris): Heid

Heide, Glocken- (Erica tetralix): Doppheid (Mh., Storm.); Heid; Heidbloom; Klockenheid (Mh.); Krukenbloom (Dtm.); Schrubberheid (Hü., Kk.)

Heidelbeere (Vaccinium myrtillus): Bickber; Bileber (Flensb.)

Hellerkraut, Acker- (Thlaspi arvense): Gabel un Mess (Dw.); Grüttbloom (Sgbg.); Penningkruut/Pennkruut (Hü., Dtm.); Schillingskruut/Schillnkruut (Wm., Sdtm.); Steenpeper (Sdtm.)

Herbstzeitlose (Colchicum autumnale): Sittlöös (Bgth.)

Herzblatt, Sumpf- (Parnassia palustris): Ilenbloom (Storm., Hü.); Studentenbloom (Hü.)

Himbeere (Rubus idaeus): Himber(n); Hinbern (Barmst., westl. Mh., Schönkch., FL); Hingenbern (Kk.); Hinjerbern (Hü.)

Himmelsleiter (Polemonium coeruleum): Honnigbloom (Sgbg.); Kaffebloom (Elmsh., Dtm.)

Hirtentäschelkraut (Capsella bursa pastoris): Grüttbloom (Mh., Oh., Schw.); Jägertasch (Sdtm.); Lepelkruut (Hü., Sgbg., Storm.)

Hohlzahn (Galeopsis): Dannennettel (Wh., Mh., Rdsbg.)
Hohlzahn, Bunter (Galeopsis speciosa): Bunte Doofnettel; Kloop

Holunder, Schwarzer (Sambucus nigra): Alhorn; Allhorn (Storm.); Ellhorn; Fleeder(boom/-busch); Goosfleeder (Kk.); Hill(eboom) (Nordfr. *absterbend*); Hillebuum (Nordfr.); Hule (Ang.)

Honiggras, Wolliges (Holcus lanatus): Darrgras (Holst. *1815*); Honniggras; Honnigmeddel (Sgbg., Kk.); Meddel(gras)/Merdel/Merl/Mettel (Mh., Wh.); Sötmeddel (Sgbg.); Wittmützengras

Hopfen (Humulus lupulus): Hoppen

Hopfenklee (Medicago lupulina): Snerkleever (Storm., Hü., Ang.); Steenkleever (Storm.)

Hornklee (Lotus corniculatus): Eierbloom; Steenkleever (Dtm.)

Huflattich (Tussilago farfara): Fahlenfoot, Fahlenfööt; Hooflörken (FL); Hunnenbloom (Sgbg. *vereinzelt*); Kohfladder (Elmsh.); Kukuksbloom (Prb.); Oosterbloom (Storm.)

Hundskamille, Acker- (Anthemis arvensis): Goosbloom (Schönkch.); Hunnenbloom (Fehm., Sgbg., Kk., Reinbek); Hunnenkamell (FL, Plön, Kk.); Hunnenstock (Wm.); Kammbloom (Dtm.); Kamell(en)

Hundspetersilie (Aethusa cynapium): Wille Petersill (Storm., Dtm., Hü., Ang.); Schierling (Schlesw., Prb., Nortorf)

Hundszunge (Cynoglossum officinale): Hunnentung (Kk., Rdsbg.); Rottenkruut (Eck.)

Hungerblümchen (Erophila verna): Geldbloom (Sdtm.); Grüttbloom (Ranz., Mh., Oh.); Hungerbloom (Hü.); Mannsleef (Rdsbg.); Pennkruut (Sdtm.); Roggenluus (Ndtm.); Schorf (Hus., Stap.)

I

Igelkolben (Sparganium): Degenscheed (Storm): Leesch/Liesch (Hü., Mh.)

Immerschön (Helichrysum arenarium): s. Strohblume, Sand-

Immortelle, Sand- (Ammobium alatum): Strohbloom (FL, Schönkch.)

J

Jasmin (Jasminum officinale): Jasmin
Jasmin, Falscher (Philadelphus coronarius): Koppbloom/Koppwehbloom (Dtm., Storm.)

Johannisbeere, Alpen- (Ribes alpinum): Krentenbusch (Hü.); Krintenboom (Kk.); Krintenbusch (Sgbg.)

Johannisbeere, Rote (Ribes rubrum): Hannisber (Ang.); Hannsber/Hansber (Ang., Flensb.); Johannsber; Ribbels (Hus.); Riebel (Stap., Eid., Hus.); Riebels (Eid., Hus.); Riebelsen (Föhr); Riepel/Riepels (Wschl.); Rievel (Stap., Eid., Hus.); Rievels (Stap., Eid., Sschl.)

Johannisbeere, Schwarze (Ribes nigrum): Ahlbei (Dtm., Eid.); Ahlber (Holst.); Apenbern (Holst. ohne Dtm.); Bocksber (Kk.); Gichtber (Pbg., Plön, *selten*); Hoppenber (Pbg.); Jappenber (Pbg.); Jichtber (Sgbg., Storm., Dtm.); Saalber (Dtm., Stap., Hus., Mschl.); Saldeber (Ang.); Salderber/Salterber (Schw.); Soldeber (Ang., Flensb.); Solderber (Flensb.); Sollber (Ang., Nordfr.); Solleber (Wschl.); Sollerber (Flensb., Hü.); Soltber (Stap.); Solteber (Ang., Flensb.); Solterber (Schlesw.); Taterber (Oh.)

Johanniskraut, Hartheu (Hypericum perforatum): Bloodreinigungskruut (Fehm.); Brammiskruut/Brannwienkruut (Fehm.); Bloodbröök (FL); Bloodkruut; Düvelsafbitt (Wankendf.); Gottsgnadenkruut (Wh., Sh., Mh., Hü.); Jadüvel (Schönkch., Prb.); Jesu-Wundenbloom (Ndtm.); Jödüvel; Johanniskruut (Ndtm.); Koembloom (Prb.); Kristibloodbloom (Ndtm); Krüüzbloom (Plön); Liefwehbloom (Storm., Dtm.); Perikum (Sschl.); Pilikum (Flensb.); Pirikum (Ang.); Pirkum (Holst., Hus., Nschl.); Pürikum (Ang.)

Jungfer im Grünen (Nigella damascena): Greet in Haarn; Greet in't Grön(e); Jumfer in't Gröne

K

Kaiserkrone (Fritillaria imperialis): Adebaarsei (Friedrichst.); Kaiserkroon

Kälberkropf, Hecken- (Chaerophyllum temulum): Scharntodel (Stap.); Scharntüddel (Hus., Stap.); Scharntüder/Scharntürrer/Scharntüt (Ang.); Schierling (Prb.)

Kälberkropf, knolliger (Chaerophyllum bulbosum): Wille Broodkoem (Dtm.); Hemmock/Hemmoll (Prb.); Kalverkropp; Kalverkruut; Peerkoem (Stap.); Scharnkruut (Schw., Hü., Hohn); Scharntodel (Stap.); Scharntüddel (Hus., Stap.); Scharntüder/Scharntürrer/Scharntüt (Ang.); Tuterkruut (Stap.)

Kälberkropf- Wald- (Chaerophyllum sylvestre): Hammock (Westensee)

Kalmus (Acorus calamus): Kalfswuttel (Wm.); Kalms/Kalmus (Nordseeküste); Karmswuttel; Karnswuttel; Leesch/Liesch (Stap.)

Kamille (Matricaria chamomilla): Kamell(en)

Kamille, Römische (Anthemis nobilis): Mater (Eid.)

Kammgras, Wiesen- (Cynosurus cristatus): Kammgras; Spittgras (Stap.)

Kapuzinerkresse (Tropaeolum maius): Achterhacken (Wm., Sdtm.); Asturzikum; Düvelsklau (Föhr); Dwerhexen (Sdtm.); Gelhacken (Pbg.); Gele Hacken; Hackenblaum (Prb.); Hackspaan (Eid.); Hackspaar(en)/Hackspor(en) (Eid., Dtm.); Hahnhacken (Sgbg., Oldesloe); Je länger je leever/Jelängerjeleever (Schw., Ndtm.); Judensnuten (Rdsbg., Pbg., Kh., Krempe); Judensnuut (Hohenw., Rdsbg., Pbg., Neum.); Jumfer kiek oever'n Tuun; Kiekut'nbusch (Elmsh.); Kohhacken (Kk., Sgbg., Oldesl., Rdsbg., Südwschl.); Masselknüst *(pl.)* (FL); Nachtmütz (Wschl.); Pissputt/Pisspütte; Slepstert (Eid.); Snipp (Lbg.); Stertbloom (Stap.); Sturzikum (FL, Bornh.); Swansnacken (Meggerk.); Tellerbloom (Dtm.)

Katzenpfötchen (Antennaria dioica): Ewigkeitsbloom; Smöökbloom (Storm.); Soebenjahrsbloom (Storm., Wankendf., Kh.); Steenbloom (Storm., Oh.); Strohbloom (Bramst., Storm.)

Kellerhals (Daphne mezereum): *s.* Seidelbast

Kerbel, Wiesen- (Anthriscus sylvestris): Bullenkruut (Sdtm.); Fleutenkruut (Hus., Stap.); Gabel un Mess (Fehm. *absterbend*); Kalverkropp; Kalverkruut; Peerkoem (Stap.); Scharnkruut (Hü., Schw.); Scharntodel (Stap.); Scharntüddel (Hus., Stap.); Scharntüder/Scharntürrer/Scharntüt (Ang.); Schelfleut (Hemme); Schirnfleut (Schlichting); Schörntodel (Stap.)

Kiefer/Föhre (Pinus) Föhr (Wm., Plön, Ang.); Führen; Füren; Fürn

Kirsche, Sauer- (Prunus cerasus): Brannwienkirsch (Strenglin.); Kassbernboom; Suurkirsch; Wienkirsch; Wisselber

Kirsche, Süß-/Vogel- (Prunus avium): Vagelkirsch; Wesselber (Storm., Sgbg., Schönkch., Plön, Dw., Schw.); Wisselber

Kirschpflaume (Prunus cerasifera): Krick (Embühren)

Klappertopf (Rhinantus serotinus/minor): Doofklaab; Geldbloom (Fehm., Dtm.); Goldbloom (Fehm.); Hahnenklaap (Hü.); Hahnenkopp; Klaak (Rdsbg., Mschl.); Klaap (Sh., Mh., Dtm., Stap., Hü.); Klopp (Mh., Stap.); Pannbloom (Wschl.); Pennbloom (Eid., Dtm.); Rassel (Hus.)

Klappertopf, Großer (Rhinantus serotinus): Wischengeld (Embühren)

Klee (Trifolium): Kleever; Kleeverbloom (Dtm.)

Klee, Faden- (Trifolium minus): Steenkleever (Hü.)

Klee, Feld- (Trifolium procumbens): Steenkleever (Dtm.)

Klee, Hasen- (Trifolium arvense): Hasenklee (Storm., Hohenw., Ang.); Hasenkleever; Hasenpoot; Kattenkleever (Holst.); Muuskleever (Sgbg., Storm.)

Klee, Weiß- (Trifolium repens): Snerkleever (Pbg.); Steenkleever (Hus., Hü.)

Klee, Wiesen- (Trifolium pratense): Kohgras (Eid., Dtm.)

Klette (Arctium lappa): Angel (Ang.); Backer(s) (Preetz, Wm.); Borr, *pl.* Borren (Ang., Flensb., Wschl.); Burr (nördl. Ang.); Burre, *pl.* Burris (Maasbüll); Dennerlärch/Dunnerlarch (Prb.); Klappbusch (Eid.); Klatt *[selten]*; Klev; Klever (Flensb.); Klevluus (Hus., Stap., Hü., Storm., Dtm.); Klief; Kluus (Ndtm.); Klüüs (Eid., Stap.); Lurk (Holst. *1800*); Porren (Ahrenviöl); Purren (Ang.)

Knabenkraut (Dactylorhiza): Handbloom (Ang., Flensb.)

Knabenkraut (Orchis/Dactylorhiza): Preesterpendel (Sgbg.)

Knabenkraut, breitblättriges (Dactylorhiza latifolia): Düvelshand; Engelshand (Hus.); Gottshand

Knabenkraut, geflecktes (Dactylorhiza maculata): Düvelshand; Engelshand (Hus.); Gottshand; Kukuksbloom

Knäuel (Scleranthus): Krusen Jarr (Storm., Hü.)

Knäuelgras (Dactylis glomerata): Dickkopp(saat); Knaulgras (Kh., Eck.)

Knoblauch (Allium sativum): Knobblook (Kk.); Knoflook; Knufflook; Knuuflook

Knöterich (Polygonum): Dunnerlörchen (Sgbg.); Kattenswans; Lerchen/ Lerken (Prb.); Loek; Lörch; Lörk (Sgbg., Storm., Schw.); Pielkruut (Holst.); Pillurt (Ang.); Wichelkruut (Schönkch., Pr., Plön)
Knöterich, Ampfer- (Polygonum lapathifolium): Kornschrangel (Föhr, Schlesw. Westküste); Krent (Hü., Hohn)
Knöterich, Floh- (Polygonum persicaria): Kornschrangel (Viöl); Krent (Hü., Hohn); Pielkruut (Drelsdf., Hus.); Swartkaar (Holst. *1820*)
Knöterich, Hecken- (Polygonum dumetorum): Suurkruut (Sgbg.)
Knöterich, Vogel- (Polygonum aviculare): Swien(s)gras (Eid., Hus., Pellw., Dtm.); Swienkarr (Fehm.); Swien(s)kruut (Ranz., Wm., Dtm., Rdsbg.); Unverdren (Sgbg.); Unvertre (Storm.); Unvertreden (Fehm.); Unvertret (Holst *1800*); Unvertritt (Dtm., Pbg., Kk., Ranz., Strom., Sgbg., FL., Plön, Hü.); Vagelkruut (Hü.); Vageltritt (Nordfr.); Wier (FL, Dw.)
Knöterich, Wasser- (Polygonum amphibium): Wille Wichel (Dtm.)
Knöterich, Winden- (Fallopia convolvulus): Dreekant (Ndtm.); Rangelbookweeten (Schenef., Ranz.); Riet(ahr) (Warder); Smerbookweeten (Rdsbg.); Snerkruut (Storm.); Snirrkruut (Holst., Schlesw.); Steenbookweet (Schw., Flensb.); Suurkruut (Sgbg.); Wille Wichel (Wm.)

Kohl, Grün- (Brassica oleracea): Gröönkohl; Taterkohl (Prb.)
Kohl, Weiß- (Brassica oleracea): Wittkohl

Königskerze, Großblütige (Verbascum densiflorum): Kattenswans (Storm.); Schaapsbloof (Achterwehr)
Königskerze, Schwarze (Verbascum nigrum): Himmelssloetel (Schlesw.); Kattensteert (Sgbg., Hü.); Rottenstert (Storm.)

Kornblume (Centaurea cyanus): Blaumütz (Dtm.); Blaubloof (Schenef.); Dront (Wh.); Hungerbloom (Nordfr.); Kaiserbloom; Kornbloom; Roggenbloom (Storm., Kk., Bornh., Hü., Stap.); Tabaksbloom (Flensb.); Tremel(s)bloom/Tremerbloom (Fehm.); Trems (Lbg., Storm., Oh., Sgbg.)

Kornelkirsche (Cornus mas): Judenkirsch (Sh.)

Kornrade (Agrostemma githago): Faden/Faten (Fehm.); Klint (Nordfr., Stap., Ang., Schw.); Koppraa (Lbg.); Kornbloom (Mh.); Raa; Raad; Raak (Kk., Storm.); Raal (Dtm. *1795*); Räk (Bramst., Kk.); Rallwohl (Dtm. *1795*); Rär (Schlesw.); Reer (FL); Rerr (Oh.); Roggenbloom (Stap.); Roggenraad (Holst. *1790*); Röh; Rör (Bramst.); Rörk (Schenef.); Rörr (Wm., Storm., Sgbg., Fehm.); Swartsaat (Dtm.)

Krähenbeere (Empetrum nigrum): Heidber (Wh., Wschl.); Heideber (Ang., Viöl, Sschl.); Heidelber (Hohn); Kreihenber (Ang.)

Kratzbeere (Rubus caesius): Blackber (Fehm.); Düvelsber (Sgbg.); Kranber (Sgbg.); Kratzberbusch (*vereinzelt*)

Kratzdistel, Acker- (Cirsium arvense): Didsel (nördl. Ang); Soegendießel; Steckel (Elbm., Wm., Pbg., Storm.); Stekel (Kremp.)
Kratzdistel, Gewöhnliche (Cirsium vulgare): Bultdießel (Stap.); Burrdießel (Eid.); Füerdießel (Sgbg.); Peerdießel (Sgbg., Hü.); Stutendiessel (Hü., Schw., Ang.); Stuudießel (Ang.)
Kratzdistel, Stängellose (Cirsium acaule): Pagensteckel (Elbm., Wm.)
Kratzdistel, Sumpf- (Cirsium palustre): Pagendießel (Storm., Sdtm.); Poggendießel

Krebsschere (Stratiotes aloides): Bockelfaart (Meggerk.); Bocksbaart (Storm.); Hek(s)kruut; Kreftscher (Hohenw.); Wateralweh

Kreuzdorn, Purgier- (Rhamnus cathartica): Bocksdoorn; Bruckdoorn (Storm.); Fuulboom (Dtm. *vereinzelt*); Hexendoorn (Storm., Kk.); Krüüzdoorn; Sprickel (Rdsbg.); Wiepeldoorn (Bujendorf)

Kreuzkraut/Stolzer Heinrich, (Senecio vulgaris): Fettstert (Sh.); Hahnenkopp (Reinb.); Stolten Hinnerk; Krüüzkruut (Oh.); Vagelkruut (Prb.)

Kriechenpflaume (Prunus insititia): s. Haferpflaume

Krokus (Crocus vernus): Wille Saffran (Dtm.)

Küchenschelle, Gewöhnliche/Kuhschelle (Pulsatilla vulgaris): Moderkruut (Holst. *1800*)

Kümmel, Wiesen- (Carum carvi): Broodkoem (Sdtm.); Kemm (Fehm.); Koem; Koemkruut (Storm., Stap.)

Kürbis (Cucurbita pepo): Körbs (Holst.); Kürb(i)s; Schienappel (Hü., Rdsbg., Sgbg., Storm.)

L

Labkraut, Echtes (Galium verum): Marienbettstroh (Wm., Storm., Fehm., Flensb.)
Labkraut, Kletten- (Galium aparine): Kruup (Pellw.); Unechte Müüschen (Flensb.); Snerkruut (Dtm., Sgbg.); Snirrkruut (Holst., Schlesw.); Swuppdiwupp (Mschl.); Tuunrank; Tuunreet (Prb.)
Labkraut, Sumpf- (Galium palustre): Meedekruut (Bramst.); Meedkruut (Kk.); Meekruut (Bramst.)

Labkraut, Wald- (Galium sylvaticum): Hunnenmöösch(en) (Storm., Mh., Hü.); Peermöösch(en) (Gettorf)
Labkraut, Wiesen- (Galium mollugo): Bettstroh/Maria-Bettstroh (Stdm., Neum.); Peermöösch(en) (FL, Olpenitz)

Laichkraut (Potamogeton): Baarskruut (Sgbg.); Hekblatt (Ahrenviöl)
Laichkraut, Schwimmendes (Potamogeton natans): Kruutschenbläd (Eid.)

Lärche (Larix): Loek; Lörch (Sgbg.); Lörk

Lattich (Lactuca): Feldkröpp (Holst. *1800*)

Lauch (Allium): Look

Läusekraut (Pedicularis): Muuskruut (FL)
Läusekraut, Wald- (Pedicularis sylvatica): Rode Suugbloom (Hü.)

Leberblümchen (Hepatica nobilis): Blauheimchen (FL); Leverbloom (Hü.); Märzbloom (Storm.); Oosterbloom (FL, Bornh.)

Leimkraut (Silene): Picknegel/-nelk (Embühren)
Leimkraut, Aufgeblasenes (Silene cucubalus): Knackblaas; Piepenbloom
Leimkraut, Garten- (Silene armeria): Morgenroos (Hü.)

Lein, Echter (Linum usitatissimum): s. Flachs

Leindotter (Camelina sativa): Dödder (Sgbg., Schönkch.); Doller (Ndtm., Sgbg.); Kammeliensaat (Sdtm.)

Leinkraut (Linaria vulgaris): Fruenhaar (Storm.); Sülverblatt (Storm.)

Lerchensporn, Hohler (Corydalis cava): Hoppepeerbloom (Sgbg.); Oosterbloom (Kiel)

Levkoje (Matthiola annua): Levkoj

Lichtnelke (Lychnis): Luuskruut (Wankendf.); Poppenbloom (Embühren)
Lichtnelke „Brennende Liebe" (Lychnis chalcedonica): Brandklusternegel (Wankendf.)
Lichtnelke, Kuckucks- (Lychnis flos cuculi): Fleeschbloom; Kiewittsbloom (Bramst.), Kukuksbloom (Mh., Wm., Dtm., Eid., Hus., Rdsbg.); Kukuksspie; Siedenbloom (Viöl)
Lichtnelke, Rote (Silene dioica): Rode Slangenbloom (Schlesw.); Rode Snakenbloom (Holst.), Snakenkruut (Kh., Schw.); Stangenbloom
Lichtnelke, Weiße (Silene alba): Büxenbloom (Ndtm.); Düvelsbloom (Ndtm.); Hexenbessen (Ndtm.); Lampenbloom (Elmsh.); Puttnelk/Puttnegel

(Prb.); Witte Slangenbloom (Hü.); Snakenbloom (Holst.); Sofienkruut (Hü., Storm.)

Liebstöckel (Levisticum officinale): Leppstock/Lippstock (Dtm., Mh., Oh.)

Lieschgras, Wiesen- (Phleum pratense): Timotheegras

Liguster (Ligustrum vulgare): Augustrum (Wm., Sgbg, Prb., Schw.); Gustrum; Lagustrum (Ang.); Liguster

Lilie, Feuer- (Lilium bulbiferum): Brandlill/-lilge; Brandnilk/-negel; Gele Nes (Lbg.); Nesenfarver; Snutenfarber (Lbg.); Türkenbund (Storm.)
Lilie, Türkenbund- (Lilium martagon): Gelnesen (Dw.); Krull-Lilg
Lilie, Weiße (Lilium candidum): Witte Brandlill/-lilge; Witte Lill

Linde (Tilia): Linn

Lolch (Lolium): Wierling (Wschl. Küste)
Lolch, Taumel- (Lolium temulentum): Dwelk (Hus.)

Löwenmaul (Antirrhinum maius): Gaapstock/Gorpmuul (Ang.); Jappop (Wm., Pbg., Storm., Hü.); Lömuten; Löwenmuul; Löwenrachen (Storm.); Muulaap(en) (Prb.)
Löwenmaul, Kleines (Antirrhinum orontium): Orant (Holst. *1705*)

Löwenzahn, Herbst- (Leontodon autumnalis): Sirupsbloom (Sgbg.)

Löwenzahn, Wiesen- (Taraxacum officinale): Botterbloom (Sh., Mh.); Düvelsbloom (Ang., Flensb.); Hunnenbloom; Hunnenkruut (Elmsh.); Immenbloom (Sschl., Mschl.); Kaninkenkruut (Flensb.); Kedenbloom; Kohbloom (Fehm., Sgbg.); Noppenkruut (Wschl.); Papenkapp; Peerbloom; Ringelbloom (Preetz, FL, Sdtm.); Swien(s)bloom (Prb., Storm., Hü., Stap, Wschl.); Swien(s)diessel (Ang.)

Lungenkraut, Gewöhnliches (Pulmonaria officinalis): Immenbloom (Dw.); Muusbloom (FL); Slangenkruut (Sgbg., Ltjbg.); Rode Sloetelbloom (Sgbg.)

Lupine (Lupinus): Lupin

M

Mädchenauge (Coreopsis bicolor): Kattengesicht (Rdsbg.)

Mädesüß (Filipendula ulmaria): Immenkruut (Wh.); Meedkruut (Kiel., Kk., Hü.); Meedsööt (Sgbg., Rdsbg., Dw.); Söötmei

Maiglöckchen (Convallaria majalis): Konfall (Eid.); Konfaller (Eid., Flensb.); Lielj (Hohenw.); Lielk (Ndtm.); Lilekonfei (Flensb.) Lilg (Dtm.); Lilikonvall (Ang.); Lilje (Holst. *1800*); Liljenkonveilchen (Fehm.); Lilk (Sgbg.); Lilkenfall (Ang.); Lill, *pl.* Lillen; Lilli (Stap.); Lillekonwall (Wm., Sgbg., Oldbg.); Lirken (Hohenw.); Lirkenfall (Flensb.); Lirren (Flensb., Schlesw.); Lührk (Kh.); Maibloom (Sgbg.); Maiklöcken (Fehm., Storm.); Maililj (Hohenw., Schw., Flensb.); Peerlilj (Embühren)

Majoran (Origanum maiorana): Maieraan; Mei(e)ran (Schw., Oh., Wm.)

Malve, Weg- (Malva neglecta): Kattenkees (Storm., Dtm., Fehm., Hü., Ang., Flensb.); Kattkrall(en)/Kattenkrall(en); Kattkrell(en)/Kattenkrell(en) (Schw., Ang.); Keesbloom; Keeskruut (Wm.); Keespappel (Ang.); Pannkoken
Malve, Wilde (Malva sylvestris): Hasenkohl (Schönkch.); Katt(en)tee (Flensb., Ang.); Keesbloom; Keeskruut (Wm.); Pannkoken

Mandelbaum (Prunus dulcis): Apenaars (Storm.)

Margerite, Weiße Wucherblume (Leucanthemum vulgare): Goosbloom (Prb., Dw.); Hunnenbloom (Storm., Sgbg.); Hunnenstock (Sdtm.); Kammbloom (Ndtm.); Kannbloom (Dtm.); Krusen Kohl (Storm.); Peerkamell (Dtm., Wm.); Preesterkragen (Storm.)

Marienblatt (Tanacetum balsamita): Rüükblatt; Breden Sofie (Sgbg., Bornh.)

Mariendistel (Silybum marianum): Stekkorn (Dtm.)

Märzenbecher (Leucojum vernum): Grote Sneeklock

Mauerpfeffer / Fetthenne, Scharfe (Sedum acre): Blolo (Kuden); Fettbuuk; Fettkruut (Bornh.); Fettstert (Storm.); Gelsteenmoos (Fehm.); Moos/Moss; Peperkruut (Sgbg., Storm.); Steenkruut; Steenmoos (Fehm.); Steenpeper (Hus., Hohn, Stap.); Suugkruut (Elmsh.)

Meerrettich (Armoracia): Maarreddik; Maireck (Reinbek); Maireddi (Prb., Hü.); Marrak; Marredi; Marreek (Storm., Sgbg.); Marretig (Wm.); Marrik (Lbg.); Marrok; Merredi; Mörk (Prb. *1813*)

Meerzwiebel (Scilla): Blauküül (Kh.)
Meerzwiebel, Garten- (Scilla amoena): Blaue Sneeklock

Melde, Gewöhnliche (Atriplex patula): Mell(e/n) (Hus., Rdsbg., Stap., Dtm., Sgbg, FL); Solte Mell(e/n) (Pellw.)

Melisse (Melissa officinalis): Limonenkruut; Zitroonmeliss (Schw.)

Merk (Sium/Berula): Mürk (Wm.)
Merk, Schmalblättriger (Sium angustifolium): Bormkasch; Bornkass; Hek(s)kruut (Hü.)

Milchstern, Dolden- (Ornithogalum umbellatum): Nachtkatten (Dw.); Slaapbloom (Hus.; Schwabst.); Stern (Dtm.); Sternbloom (Eid.)

Milzkraut (Chrysoplenium): Zuckerbloom (Sgbg.)

Minze, Acker- (Mentha arvensis): Ackermünt; Will Krüsermünt (Kk.); Peerkrusemint (Sgbg., Storm.); Peer-Krüsermünt (Kk.)
Minze, Krause (Mentha spicata crispata): Krusamünt (Kh.); Krusefie (Dtm., Eid.); Krüsement (Mh., Oh.); Krusemünt; Krüsemünt (Storm.); Krüsermint (Wm.); Krüsermünt (Dtm., Dw.); Krüsterment (Hü., Storm.); Krüüs (Föhr); Kruussofie (Eid.)
Minze, Wasser- (Mentha aquatica): Peerkrusemint (Wm., Hü.); Peerrükelsch (Stap.)

Mispel (Mespilus germanica): Abesch (Schwabst.); Apenaars; Apenerschen; Apenmors; Mispel

Mistel (Viscum album): Mistel

Mittagsblume (Mesembryanthemum crystallinum): Iesbloom; Ieskruut (Wm.)

Mohn, Klatsch- (Papaver rhoeas): Mahn(bloom); Münjkatt (Marschen); Stinkroos
Mohn, Sand- (Papaver argemone): Füerbloom; Füermahn (Itz.); Füerroos (Schw.)

Möhre (Daucus carota): Gelwörtel; Gelwottel; Gelwöttel; Gelwuttel; Kiewittsstohl (Sgbg.); Woddel; Wöddel; Wördel (Dw.); Wortel (Holst. *1800*, Dtm., Kiel.); Wörtel (Holst. *1800*); Wottel (Schlesw., Fehm., Neum.); Wöttel (Oh., Mh., Storm., Ranz.); Wurtel (Ang., Dtm.); Wuttel (Wh., Schlesw.); Wüttel (Dtm.)
Möhre, Gelbe (Daucus carota): Foderwuttel (Dtm., Kh.)
Möhre, Wilde (Daucus carota): Plockwöttel (Storm.)

Moos: Moos; Moss; Muss

Moosbeere (Vaccinium oxycoccus): Krammber; Krampber (Storm.); Kramsber (Hohn); Krannber (Sgbg.); Kransber (Stap., Dtm.); Maasber

(Dtm., Stap.); Moorber (Dtm., Stap.); Moosber (Dtm.); Tied(j)ebei (Dtm.); Tieteber; Tüteber (Holst. *1800*, Dtm., Schw.); Tüterber (Sdtm.); Tütteber (Holst. *1800*, Dtm., Schw.)

Mutterkraut (Tanacetum parthenium): Römsche Kamell; Mater (Nordfr.)

N

Nachtschatten, Schwarzer (Solanum nigrum): Dullberen; Düllberen (Hü.); Dullkruut (Storm.); Nachtschatten

Nachtviole, Gewöhnliche (Hesperis matronalis): Nachtvijol (Oh., Dtm.); Puttnegel/Puttnelk (Sgbg., FL); Rijol (Hohenw.); Viol/Vijol (Dtm., Mh.)
Nachtviole, Trübe (Hesperis tristis): Nachtvijol (Schönkch.); Sülvergroschen; Viol/Vijol (Dtm., Mh.)

Narzisse, Gelbe (Narcissus pseudonarcissus): Adebaarsbloom (Schw.); Morgenstern; Nachtvijol (Dtm.); Oosterbloom (Schlesw.); Oosterlilk/Oosterlill (Dtm., Pellw., Nordfr., Hus., Ang.); Ringelroos (Dtm.); Seddelrööschen (Dtm.); Sellerrööschen (Dtm.); Sellerrüüschen (Dtm.); Settelööschen (Mh.); Settelrööschen (Kh., Dtm.); Settlöösch (Hü.) Settlööschen (Dw., Hü., Dtm., Kk.); Settlüüschen (Hohn); Settrööschen (Dtm.); Siddelrööschen (Dtm.); Sillengööschen (FL); Sippelrööschen (Dtm.); Sittelrööschen (Dtm.); Tiedlööschen (Dw.); Zettelröösch (Kh.); Zettleesch (Eid.); Zettlöös (Stap.); Zettlöösch(en); Zillergööschen (Kollmar.); Zillerrööschen (Elmsh.); Zittelrööschen (Holst. *1800*, Oh., Kh., Storm.); Zitterbrööschen (Wm.); Zittergööschen (Reinfeld.); Zitterrööschen (Dtm., Pbg., Storm.); Zittledsche (Prb.); Zittlöös (Lbg., Storm., Sgbg.); Gele Zittlöösch; Zittlööschen (Dtm., Storm., Ggd. v. Kiel); Zittröösch (Sdtm.)
Narzisse, Weiße (Narcissus poeticus): Adebaarsbloom (Schw.); Nachtvijol (Dtm.); Pingstbloom (Schlesw., Dtm., Wm.); Pingstlilge (*pl.* -s) (Hus.); Pingstlilje (Sgbg.); Pingstlilk (Dtm.); Pingstlill/Pingstlilli (Hus.); Pingstlilie (Ang., Pellw.); Pingstnelk (FL); Ringelroos (Dtm.); Zettelröösch (Kh.); Zettleesch (Eid.); Zettlöös (Stap.); Zettlöösch(en); Zillergööschen (Kollmar); Zillerrööschen (Elmsh.); Zittelrööschen (Holst. *1800*, Oh., Kh., Storm.); Zitterbrööschen (Wm.); Zittergööschen (Reinfeld); Zitterrööschen (Dtm., Pbg., Storm.); Zittledsche (Prb.); Zittlöös (Lbg., Storm., Sgbg.); Witte Zittlöösch; Zittlööschen (Dtm., Storm., Ggd. v. Kiel); Zittröösch (Sdtm.)

Natternkopf (Echium vulgare): Blaue Dießel (Storm.)

Nelke (Dianthus): Nagel; Nägeln (Dw., Hü., Nort., Bramst., Kk., Storm., Lbg.); Negel; Negelken (Schw., Ratzebg.); Nelk; Nilk (Ang., Sschl., Hus., Ndtm.)

Nelke, Bart- (Dianthus barbatus): Dutznelk (Schönkch.); Kluufnegel (Bornh.); Kluußnegel; Kluusternegel(k)/Kluusternelk; Kluutnegel(k) (Hü.); Puttnegel/Puttnelk (Stap.)

Nelke, Büschel- (Dianthus armeria): Kluusternegel(k)/Kluusternelk

Nelke, Feder- (Dianthus plumarius): Feddernegel (Storm., Kk., Bornh., Hü.); Feddernelk; Feddernilk (Dtm.)

Nelke, Garten- (Dianthus caryophyllus): Stocknegelk/Stocknelk (Bornh.)

Nelke, Heide- (Dianthus deltoides): Grasnegel

Nelke, Karthäuser- (Dianthus carthusianorum): Druuvnelk (FL)

Nelkenwurz, Bach- (Geum rivale): Klaken(bloom); Klocken(bloom) (Sgbg., Pbg., Hü., Stap.)

Nieswurz, Grüne (Helleborus viridis): Füerkruut (FL); Wrangen; Wrangenkruut (Storm.); Wrangkruut

O

Ochsenzunge, Acker- (Anchusa arvensis): Krummhals
Ochsenzunge, Gewöhnliche (Anchusa officinalis): Sammtbloom (Sgbg.)

Odermennig (Agrimonia eupatoria): Aderjaan (K. Groth); Münning (Ranz.)

Osterluzei (Aristolochia clematitis): Lepelkruut (Hü.)

P

Pantoffelblume (Calceolaria): Kantüffelbloom; Pantüffelbloom (Oh., Dtm., Pellw.)

Papierblume, Echte (Xeranthemum annuum): Strohbloom (Hü.)

Pappel (Populus): Pappel; Päppel; Poppel; Pöppel

Pappel, Schwarz- (Populus nigra): Swartpöppel

Pappel, Silber-/Weiß- (Populus alba): Abeel (Sdtm., *absterbend*); Sülverpappel/Sülverpöppel (Rdsbg.)

Pappel, Zitter-/Espe (Populus tremula): Abeel (Schwabst., *absterbend*); Beveresch (Hus.); Esp; Fledderesch; Fludderesch; Mooresch (Dtm.)

Passionsblume (Passiflora coerula): Leiden Christi

Pastinak (Pastinaca sativa): Moorwöddel (Holst. *1800*, Dtm., Fehm., Hü., Ang., Hus., Nordfr.); Moorwuddel

Pechnelke (Lychnis viscaria): Klevnelk (Prb.); Mückenfang (Sh.); Pechnegel (Sgbg.); Pepernegelk (Storm.); Picknegel/-nelk (Storm., Mh., Hü., Dw.); Teerbloom (Storm,. Bornh., Plön); Teernagel (Sgbg.)

Perlhyazinthe/Träubelchen, Blaues (Muscari botryoides): Druuvke (Hus.); Blaue Druven; Graue Hiazint; Blaue Jumfer (Dtm.); Nakelte Jumfer (Storm.); Korall (Storm., Stap.); Blaue Krallen (Wankendf.); Lammersteert (Hü.); Blau Lill (Storm., Kk.); Nakelstert (Schönkch.); Parlbloom (Sgbg., Dw., Schw., Hü.); Parlhiazint (Hus.)

Perlpfötchen (Antennaria margaritacea): Dodenbloom (Dtm.); Ewigkeitsbloom; Iesbloom (Dtm.); Soebenjahrsbloom (Storm., Wankendf., Kh.); Strohbloom (Dtm.)

Pestwurz (Petasites hybridus): Bullerblatt (Dtm., Wm.); Bullerjahn/Bullerkruut (Üters.); Düvelshand (Prb.); Fahlenfoot (Kk.); Loek; Lörch; Lörk (Storm., Sgbg.)

Petersilie (Petroselinum sativum): (Kruse) Peitersill (Oh., Lbg.); (Kruse) Pessill (Wm.); (Kruse) Petersilen (Kk.); (Kruse) Petersilgen (Üters., Dtm.); (Kruse) Petersilje (Ranz.); (Kruse) Petersill; (Kruse) Petersilli (Nordfr., Pellw., Ang., Sgbg., Dtm.)

Petunie (Petunia): Tutenbloom (Storm.); Tuutsia (Kh.)

Pfaffenhütchen (Eunoymus europaeus): Krüüzber(n); Lepelboom (Embühren); Spierböken (Kiel, Hohenw.); Spierboom (Hohenw., Schw.); Spillboom

Pfeifengras (Molinia coerulea): Bähnk (Dtm.); Bähnt(halm) (Storm., Pbg.); Bent (Schlesw.); Bentgras/-halm (Holst.); Bessenmeddel (Sgbg.); Bink; Bint; Boenk/Boent (Ndtm); Bünk (Sdtm.); Meddel (Sgbg.); Meddel(gras) (Storm., FL); Merdel/Merl/Mettel (Storm., FL); Piepenräumer/Piepenreimer (Sh.); Piepenrümer (Storm.); Swepmeddel (Storm.)

Pfeilkraut (Sagittaria sagittifolia): Aalkruut (Storm.)

Pfennigkraut (Lysimachia nummularia): Beksling

Pfingstrose/Bauernrose (Paeonia officinalis): Buurroos

Pfirsich (Prunus persica): Pers/Persch (Schönkch.); Pfersch (Embühren); Pfirsch (Schw., Dtm.)

Porree (Allium porrum): Borre/Borri; Burri; Porre; Porrig (Storm.)

Porst, Sumpf- (Ledum palustre): Flöhkruut (Eid., Dtm., Wm., Mh.); Mottenkruut; Noppenkruut (Eid.); Porsch (Hadem., Ndtm.); Pors(t); Post

Portulak, Wilder (Portulaca oleracea): Puttlaak (Holst.)

Porzellanblümchen (Saxifraga umbrosa): Bevernadel (Storm.); Bookwetenbloom/Bookweetjenbloom (Storm., Bornh.); Nakelte Jumfer (Storm.); Pozleinbloom (nördl. Schlesw.)

Preiselbeere (Vaccinium vitis-idaea): Krammber (Sdtm., Pbg., Wm. *vereinzelt*); Kroonsber; Tieteber (Ang., Flensb.); Tüteber (Dtm.)

Puffbohne (Vicia faba): Grote Bohnen; Grootbohn; Peerbohn(en)

Q

Quecke (Agropyrum repens): Queek; Quek; Quekgras; Quietsch; Quitsch (Dtm., Stap., Eid.); (Dtm., Stap., Eid.); Roete (Pellw.)

Queller/Glasschmalz (Salicornia europaea): Quandelkruut (Holst. *1804*); Queller; Quoller (Eid.); Slickdannen (Hus., Eid.)

Quitte (Cydonia vulgaris): Quiet (Hohn); Quitt

R

Rainfarn (Tanacetum vulgare): Knööp (Wschl., Dtm., Fehm,. Dw.); Knoopkruut; Krusen Kohl (Dtm.); Peerkropp (Schiffbek.); Rainfaart (Oh.); Rainfar; Rainfarn; Regenfang/Regenkruut (Ang.); Snakenkopp (Westensee); Steenfort; Wormkruut (Sgbg.)

Raps (Brassica napus ssp. arvensis): Raps; Rapsaat

Rapunzel (Phyteuma): Rabünsch (Oh.)

Rauke, Weg- (Sisymbrium officinale): Allermünnkrut

Rauschbeere (Vaccinium uliginosum): Trunkelber (Lbg.)

Raygras, Englisches (Lolium perenne): Raigras
Raygras, Italienisches (Lolium multiflorum): Raigras

Reiherschnabel (Erodium cicutarium): Koppwehkruut

Reitgras, Sumpf- (Calamagrostis canescens): Holtmeddel (Kk.); Rusch/Ruusch (Hü., Fehm., Nort., Storm.); Snitt; Snittmeddel

Rentierflechte (Cladonia rangiformis): Witt Moos/Moss (Viöl)

Rettich, Acker-/Hederich (Raphanus raphanistrum): Heddrik; Ketje; Keuk (Storm.); Kirk; Knööp (Fehm.); Koetge (Holst. *1800*); Koetje(r) (Stap., Eid.); Köck (Lbg.); Köök; Köttj (Nordfr.); Kück (Dtm.); Kuddik (Sgbg.); Küddik (Storm.); Külk (Lbg.); Küük (Dtm., Storm.) Küüt (Bramst., Pbg.); Küütk (Nordfr., Dtm.)
Rettich, Garten- (Raphanus sativus): Radies

Ringelblume (Calendula officinalis): Abendroot (Sgbg., Föhr); Brüdigamsbloom; Gelgoelken (Fehm.); Gelgülken (Wm.); Judenbloom; Morgenfröh un Abendlaat; Morgenroetjern (Stap., Dtm.); Morgenrood (Storm., Mh., Ang.); Morgenroot; Morgenröötjen; Ringelroos (Wankendf., Kk., Föhr); Ringelrööschen (Storm., Föhr)

Rispengras, Einjähriges (Poa annua): Steendammgras (Storm., Sgbg.); Steendammkruut (Storm.)
Rispengras, Hain- (Poa nemoralis): Wallgras

Rittersporn (Delphinium ajacis): Hackspaar(n)/Hackspor(n) (Dtm.); Lange Jumfer (Storm., Bornh.); Schohbloom (Prb.)

Roggen (Secale cereale): Rogg (Schlesw.); Roggen (Holst.)

Rohrkolben, Breitblättriger (Typha latifolia): Bommbees (Sh.); Bommpesel (Oh.); Bullenbees (Schlesw.); Bullenpesel (Holst.); Bummpesel (Oh.);

Bummsküül (Ang.); Dackküül (Wh.); Donnhamer (Ang., Hus.); Dullhamer (Schw.); Dummhamer (Viöl); Dunnerhamer (Ang., Schw.); Dunnerküül (Schlesw.); Dunnhamer (Ang., Hus.); Dünnhamer (Hus.); Dunsküül (Schlesw.); Kadeküül (Glückst.); Kalküül (Kh.); Katteküül (Kremp.); Kattenküül(en) (Dtm., Wm., Itz., Elmsh., Storm., Lbg., Plön., Rdsbg., Eck., Hus., Hü.); Kattküül(en) (Dtm., Eid., Hus., Schwabst., Börmerk., Hü., Rdsbg.); Kattsküül (Dtm.); Keddik; Kedding (Wm.); Kelk; Kerk; Breed Kerk (FL); Ketk (Lbg.); Kettig (Nordfr.); Kitt (Pellw.); Kittig (Nordfr.); Klappküül (Hohn, Stap., Hü., Ang., Mh.); Leesch/Liesch (Schw., Rdsbg., Dtm., Wm., Storm.); Peerkül (Hohenw., Pbg.); Preespans (Hus.); Preesterpans (Wschl.); Preesterpind (Bredst.); Preesterprangel (Drelsdf.); Pumpesel (Kiel, Oldbg., FL, Lbg., Sgbg., Ranz.); Rusch (Prb.)

Rohrkolben, Schmalblättriger (Typha angustifolia): Lütte Dunnerküül; Kelk; Kerk; Leesch/Liesch (Schw., Rdsbg., Dtm., Wm., Storm.); Rusch (Prb.); Steenkerk (FL)

Rose, Bibernell- (Rosa pimpinellifolia): Bukettroos (Wankendf., Hü.); Pimpernellroos

Rose, Essig- (Rosa gallica): Etigroos; Wienroos (Hü.)

Rose, Hunds-/Hecken- (Rosa canina): Feldroos (Dtm.); Haagdoorn (Schönkch.); Hahnpotenbusch; Hundsroos (Hü.); Kleidoorn (Fehm.); Wille Roos; Wepeldoorn (Schw.); Wiepdoorn/Wiepeldoorn (Fehm., FL)

Rose, Pfingst- (Rosa cinnamomea): Buschroos; Jumfernroos; Pingstroos

Rose, Wein- (Rosa rubiginosa): Wienroos (Hü.)

Rose, weiße (Rosa alba): Pozleinroos (Schlesw.)

Rosmarin (Rosmarinus officinalis): Rosmarien

Roßkastanie (Aesculus hippocastanum): Christangel/Christannel (Ang.); Kastana (Ang.); Kastandel (Nordfr.); Kastang (Oh., Wm., Sdtm.); Kastangel; Kastani (Pellw., Nordfr.); Kastanje (Dtm.); Kastannel (Ang.); Krastangel (Prb.); Kristandel (Flensb.); Kristangel (Sgbg., FL., Prb., Fehm.); Kristannel (Schw.); Krustangel (Sdtm.)

Rote Beete (Beta rubra): Rabeetwöddel (Holst. *1800*); Rode Beet(en)

Rotfichte (Picea abies): Dann; Führen (Hü.); Grän (Lbg.); Grann (Ang., Schwabst.)

Rübe, Runkel- (Beta vulgaris): Rode Beet
Rübe, Steck- (Brassica napus ssp. napobrassica): Stekrööv

Ruchgras (Anthoxantum odoratum): Ruchgras (Holst. *1790*, Hü.)

Ruprechtskraut (Geranium robertianum): *s.* Storchschnabel, Stinkender

S

Saatdotter (Camelina dentata): Doller (Ndtm., Sgbg.)

Sadebaum (Juniperus sabina): Soebenboom

Salbei, Garten- (Salvia officinalis): Grausophie (Schw., Ang.); Salvie; Graue Salvie (Ang.); Smalensofie/Smallsofei/Smalsofei (Fehm.); Sofei (Wm., Storm., Fehm., Schw.); Sofeu (Bornh.); Soffee (Kk., Nort., Hü.); Sofie (Sdtm., Reinf., Sgbg., FL, Hü., Schw.); Graa Sofie (Hü.); Graue Sofie (Schw.); Krusen Sofie (Sdtm., Wm., Sgbg., Schw.); Smallen Sofie (Sgbg., Reinf., Hü., Schw.)

Salbei, Wiesen- (Salvia pratensis): Krusafee (Kh.); Krusefie (Dtm.); Krüsefie (Dtm., Schw.); Krusensofie (Dtm.); Kruserfie/Krusofie (Fehm.); Slichtsofie (Eid.)

Salomonsiegel (Polygonatum odoratum): Snakenbloom (Bordesh.)

Salzschwaden, Gewöhnlicher (Puccinellia distans): Drückdal

Samtblume (Tagetes erecta): Judennelk (Dtm.); Sammtaster (Dtm.); Sammtbloom (Dtm., Bornh.)

Sauerampfer, Wilder (Rumex crispus): Suurbloeder (Wm.)

Sauerklee (Oxalis acetosella): Dreeblatt (FL); Hasenkleever (Storm., Sgbg., Hohenw.); Kiewittssuur (Hohn); Kleeverkukesuur (Kk.); Kleeversuur (Storm.); Kukerisuur (Sgbg.); Kukersuur (Bgth.); Kukesuur (Kk., Bramst.); Kukuksblatt; Kukuksmad (Ang.); Kukukssuur; Suderkleever (Ahrenviöl); Süren (Storm., Rdsbg.); Suurbloed (Dtm.); Suurbloeder (Wm.); Suurkleever; Suurkohl (Bornh.); Suurkruut (Bornh., Dw.)

Schachblume (Fritillaria melegaris): Adebaarsei (Friedrichst.); Kiewittsei (Hus., Kollmar, Sgbg.); Maitulp (Holm b. Üters.); Wille Tulp (Elbm.)

Schachtelhalm, Acker- u. a. (Equisetum arvense u. a.): Dubock; Dubup (Üters. *1760, vereinzelt*); Dukop (Reinb. *vereinzelt*); Dunop [*vereinzelt*]; Duopp (Sdtm.); Duufop (Bornh.); Duuk (Schw.); Duwack (Schönkch.); Duwock; Düwock (Ranz.); Duwopp (Sdtm., Wm., FL, Dw.); Düwopp (Hü.); Duwuck (Schw.); Duwum (Mh. *vereinzelt*); Duwupp (Prb., Mh., Storm., Dtm.); Ketelkruut; Rohrharr (Nordfr.)

Schachtelhalm, Acker- (Equisetum arvense): Bockfaar (Sgbg); Bocksbaart (Sgbg., FL, Oh., Fehm., Schw.); Haarmoss (Holst.); Haasmoss (Kremp.); Hallmoos (Prb.); Hallmoss (Bramst.); Hallmuss (Wm.); Harrmoss (Mh., Wm.); Hartmoss (Holst., Prb., *veraltet*); Kohdood (Dtm., Schlesw.);

Ledgras (Eid.); Moos/Moss (Rdsbg.); Padderak (Flensb.); Voßstert; Voßswans (Ang.)

Schachtelhalm, Riesen- (Equisetum maximum): Överdann (Fehm.)

Schachtelhalm, Schlamm- (Equisetum limosum): Hollruss; Kohdood (Dtm., Schlesw.); Negenknee; Parrerak (Ang.); Risch (Wh.)

Schachtelhalm, Sumpf- (Equisetum palustre): Abendbook (Pbg.); Ahnebuk (Elbm.); Bocksbaart (Hlghf.); Hollruss; Kannenkruut (Pbg., Storm.); Negenkann (Storm.); Negenknee; Porr/Purr (Eid., Ahrenviöl); Russ (Storm.); Schaffross (FL); Schaffrusch (Storm., Mh., Hü., Schw.); Schaffrüschen (Börmerkoog); Schaffruss (Holst. *1800*, Storm., FL); Scharfröss (Sgbg.); Scharfrusch (Flensb.); Scharprösch (Rdsbg.); Scharpross (Storm.); Scharpruss (Kk.); Schürkruut (Storm., Sgbg.)

Schachtelhalm, Wald- (Equisetum silvaticum): Hallmoos (Prb.); Hallmoss (Bramst.); Hallmuss (Wm.)

Schachtelhalm, Wiesen- (Equisetum pratense): Bocksbaart (Fehm.); Dark (Stdm.); Hallmoos (Prb.); Hallmoss (Bramst.); Hallmuss (Wm.)

Schachtelhalm, Winter- (Equisetum hiemale): Schaapgras (Ang.); Schaffross (FL); Schaffrusch (Storm., Mh., Hü., Schw.); Schaffrüschen (Börmerkoog); Schaffruss (Holst. *1800*, Storm., FL); Scharfröss (Sgbg.); Scharfrusch (Flensb.); Scharprösch (Rdsbg.); Scharpross (Storm.); Scharpruss (Kk.); Schürkruut (Storm., Sgbg.); Tinnkruut; Zinnkruut (Schw.)

Schafgarbe (Achillea millefolium): Dusendblatt; Grüttbloom (Mh., Oh., Dw., Sschl.); Raalk (Rdsbg.); Riesbloom (Wschl.); Roelk; Roggenroelk (Ang.); Roggenröllken (Ang.); Roggenrülk (Dtm., Sgbg.); Röllk; Röllken (Ang.); Rörk (Bramst., Wm., Dtm.); Rülk (Kk., Dtm., Eid., Hus.) Schaapkruut (Hü.)

Schalotte (Allium ascalonicum): Schalott

Scharbockskraut/Feigwurz (Ranunculus ficaria): Botterbloom; Kantüffelkruut (Elmsh.); Scharbuck (Kk.); Sternbloom (Fehm.)

Schaumkraut, Wiesen- (Cardamine pratensis): Adebaarsbloom/Adebaarssloetel (Dtm., Schönkch.); Grüttbloom (Storm., Prb., Rdsbg.); Kiewittsbloom (Storm, Wm., Kk., Rdsbg., Dtm., Stap., Hü., Fehm.); Kukuksbloom (Sgbg., Hus.); Storkbloom (Löwenstedt)

Schierling, Gefleckter (Conium maculatum): Dunk (Sdtm., Wm.); Giftschierling; Scharnpiep (Dtm.); Schierling (Pellw., Hus., Prb.); Bunte Schierling (Holst.); Grote Schierling (Schlesw.); Stinkenhümpel (Stap.)

Schildfarn (Aspidium): Fahrnkruut; Farnkruut; Snakenkruut (Storm., Hü.)

Schilf (Phragmites communis): Dack; Dackreet; Peck (Flensb., Ang., Hus.); Reet; Reit; Schelp (Oh., Sh.); Schülpkruut (Haale)

Schlüsselblume (Primula): Himmelssloetel (Sschl.); Primel; Sloetelbloom
Schlüsselblume, Echte (Primula veris): Karkensloetel; Katt(en)bloom (Hus.); Kletsch (Prb.); Klöcken (Fehm.); Oosterbloom (Dtm., Schw.); Echte Sloetelbloom; Stangenarikel (Hü., Storm.)
Schlüsselblume, Große (Primula elatior): Oosche (Hus., Eid.); Unechte Sloetelbloom; Stangenarikel (Hü., Storm.)
Schlüsselblume, Stängellose (Primula vulgaris): Abelööschen (Eckf.); Gelööster (Schw. *selten*); Gel Gösselbloom (Ltjbg.); Oosche (Hus., Eid.); Gele Ooschen (Dtm.); Oosterbloom; Ööschen (Sdtm. Geest); Unechte Sloetelbloom

Schmiele (Deschampsia): Bent
Schmiele, Draht- (Deschampsia flexuosa): Blenker (Holst.)
Schmiele, Rasen- (Deschampsia caespitosa): Blinkbült (Kk.); Hundtollen/Hunnentollen (Hus.); Kattenbaart (Hus.)

Schneeball, Gewöhnlicher (Viburnum opulus): Grossfootbusch (Bornh.); Fuulboom (Hü.); Harrboom (Kk.); Hülkentülken (Ang.); Sneeball

Schneebeere (Symphoricarpus racemosa): Knackber (Dtm.); Parlbusch (Kk.); Sneebei (Dtm.); Sneeber

Schneeglöckchen (Galanthus nivalis): Märzbloom (Wm.); Pingstbloom (Hü.); Sneeblaum (Schönkch., Lbg.); Sneeglöckschen; Sneekiek (Holst.); Sneeklock

Schnittlauch (Allium schoenoprasum): Beeslook; Graslook (Schlesw., Dtm.)

Schöllkraut (Chelidonium majus): Dullkruut (Storm.); Gelwaartenkruut (Fehm.); Schellkruut (Dw.); Schennkruut (Barmst.); Schinnkruut; Schöllkruut; Swolkenkruut/Swulkenkruut (Embühren); Waartenkruut (Storm., Sgbg., Dtm., Hus.)

Schuppensimse (Isolepis setacea): Fruenhaar (Dw., Dtm.)

Schwaden, Manna- (Glyceria fluitans): Hunnenbusch (Dtm.)
Schwaden, Wasser- (Glyceria aquatica): Leesch; Reehahn (Stap.)

Schwanenblume/Wasserliesch (Butomus umbellatus): Adebaarsbloom; Bekbees; Bekerbees; Judenspeck (Fehm.); Waterliesch

Schwarzdorn (Prunus spinosa): Slaa (Ang.); Sleh (Sdtm.); Slehn (Ang.); Slei (Ndtm.); Sleu/ Slöh (Sdtm.); Wiepeldoorn (Dtm.)

Schwarzkümmel, Acker- (Nigella arvensis): Müüschen in'e Heed

Schwarzwurzel (Scorzonera hispanica): Swartwottel; Swartwöttel; Swartwuttel

Schwertlilie (Iris): Adebaarssnaff (Mh.); Laschbloom (Dtm.)
Schwertlilie, Blaue (Iris germanica): De blage Adebaarsbloom (Strenglin); Ulenbloom (Prb.)
Schwertlilie, Wasser- (Iris pseudacorus): De gele Adebaarsbloom (Dw., Schw, Rdsbg., Sgbg., Wm.); Adebaarsklapper (Storm.); Adebaarsnipp (Reinfeld.); Adebaarssnapp (Ndtm., Sdtm., Storm., Kk, Pbg.); Kelk (Bramst.); Leesch (Hü., Börmerkoog); Leeschbloom (Hü., Hus., Stap., Dtm., Wm., Storm.); Liesch (Hü., Börmerkoog); Peck (Ang., Flensb.); Reetbloom (Prb.); Storkbloom; Waterliesch; Waterlill

Schwingel, Rohr- (Festuca arundinacea): Ossenmuul (Schw.)
Schwingel, Roter (Festuca rubra): Wille Haver (Wm.)
Schwingel, Schaf- (Festuca ovina): Jittenbult (Schw.)

Seedorn (Hippophaë rhamnoides): Sanddoorn (Nordfr.)

Seegras (Zostera marina): Dang (Ostsee); Seegras; Tank

Seerose, Weiße (Nymphaea alba): Witte Aubloom (Mh.); Aupoppen (Mh.); Diekroos (Wankendf.); Moortulp (Dtm.); Mümmel (FL, Storm.); Mümmelken (Storm.); Seeroos (Hü., Rdsbg., Neum.); Witt Seeroos (Sgbg.); Wille Tulp (Dtm.); Wateroos; Watertulk (K. Groth)

Segge (Carex): Dackreep; Suur Gras; Ihlgras (Hus.); Sech/Seck/Sick (Dtm.); Sneetgras (Dtm.); Snittgras (Dtm., Hohenw., Kk., Storm., Sgbg., FL, Hü., Stap.); Stärr/Sterr (Ang.); Suurgras
Segge, Hirsen- (Carex panicea): Blau Gras
Segge, Sand- (Carex arenaria): Sandreetgras (Nordfr.)
Segge, Sumpf- (Carex acutiformis): Haarz (Eid.); Horri(n)g (Nordseeküste); Sorgras (Holst.)

Seide, Nessel- (Cuscuta europaea): Düvelstwern (Holst.)
Seide, Quendel- (Cuscuta epithymum): Düvelsdarm; Kleesied (Mh.)

Seidelbast/Kellerhals (Daphne mezereum): Peperbloom (Wm., Dtm., Kh.); Peperboom (FL, Prb., Dtm., Schw.); Peperbusch (Storm., Prb., Dtm., Hü., Ang.); Sötjebast (Lbg.)

Seifenkraut (Saponaria officinalis): Preesternelk (Pellw.); Seepenkruut (Hus.)

Senf, Acker- (Sinapis arvensis): Gel (Pellw.); Keuk (Storm.); Koetge (Holst. *1800*); Koetje(r) (Stap., Eid.); Köck (Lbg.); Köök; Köttj (Nordfr.); Kück (Dtm.); Kuddik (Sgbg.); Küddik (Storm.); Külk (Lbg.); Küük (Dtm., Storm.);

Küüt (Bramst., Pbg.); Küütk (Nordfr., Dtm.); Willen/Brunen Semp; Willen/Brunen Simp; Willkohl (Ang., Schw.)
Senf, Garten- (Sinapis alba): Witten Semp/Witten Simp

Siebenstern (Trientalis europaea): Witte Sternbloom

Silberblatt (Lunaria annua): Rubelkruut (Wankendf.); Sülverblatt (Prb.); Sülvergroschen (Üters.)

Simse (Scirpus): Bees; Röösch (Hohenw.); Rosch (Ndtm., Wschl.); Rösch (Viöl); Roscher (Eid.); Rusch (Wm., Neum., Schönkch., Prb., Fehm., Hü., Stap.); Rüsch (Storm., Dtm., Sschl., Hus.); Rüschel (Wschl.); Rüscher (Eid.); Ruusch (Wm., Neum., Schönkch., Prb., Fehm., Hü., Stap.); Rüüsch (Storm., Dtm., Sschl., Hus.); Sieves (Ang.)
Simse, Strand- (Scirpus maritimus): Hehneke (Storm.); Hehnk (Dtm.); Henn (Elbm., Storm.); Hennje (Dtm.); Hoehnk; Muckert (Storm.); Reehahn (Stap., Eid.); Snittgras (Fehm.)
Simse, Teich- (Scirpus lacustris): Dackbees; Dottel(n) (Stap.); Duttel(n) (Dtm., Stap., Büttel); Düttel(n) (Ndtm.); Kedig (Oldbg.); Kerk (Hü.); Pummelbees; Pumpbees (Storm.); Stohlbees (Sgbg.); Waterbees
Simse, Wald- (Scirpus sylvaticus): Snittgras (Hohenw.); Taterbloom

Skabiose (Scabiosa): Roggenbloom; Sammtbloom; Steenbloom (Schönkch.)
Skabiose (Scabiosa atropurpurea): Truernegel/Truernelk (Wankendf.)

Sonnenblume (Helianthus annuus): Sammtbloom (Viöl); Sünnblaum; Sünnbloom

Sonnentau (Drosera rotundifolia): Bullenkruut (Storm., Pbg., Hü.); Ossenkruut (Nordfr., Ang.)

Spargel (Asparagus officinalis): Aspars, *pl.* Asparsen (Mh., Dtm., Wm.); Spaars (Holst. *1800*, Pbg., Storm., Wm., FL); Spargel; Spars (Holst. *1800*, Pbg., Storm., Wm., FL)

Spärkling, Roter(Spergularia rubra): Rode Mier(k)en (Sgbg.)

Spiere (Spiraea salicifolia): Teebusch/Teekruut (Dtm., Storm., Bornh., Sschl.)

Spindelbaum (Euonymus europaeus): *s.* Pfaffenhütchen

Springkraut (Impatiens nolitangere): Buschspringer (Storm.); Knackbloom (Sgbg.); Sloetelkruut (Ang.); Springkruut

Stachelbeere (Ribes uva-crispa): Stekelber (Pellw.); Stickber (Ranz., Kk., Kh., Itz., Wm., Dtm.); Stickelber; Stickelsber (Ang.); Stickerber (Neum., Dtm.)

Stechapfel (Datura): Düvelsappel (Dtm.); Stekappel (Kk., Storm., FL, Bornh., Hü.)

Stechginster (Ilex europaeus): Hülsendoorn (Holst., *vereinzelt*)

Stechpalme (Ilex aquifolium): Goosdoorn (Eid.); Hölkedoorn; Höltsen (Ahrenviöl); Huls; Hüls; Hülsendoorn (Ang., Dw.)

Steinbeere (Rubus saxatilis): Steenber (Fehm., Storm.); Wienber (Ang.)

Steinbrech (Saxifraga): Kiewittsbloom (Fehm.); Moosbloom
Steinbrech, Knöllchen- (Saxifraga granulata): Grüttbloom (Sgbg.); Mandelbloom (Hü.)
Steinbrech, Kriechender (Saxifraga sarmentosa): (Groten) Judenbaart (Dtm., Stap., Pellw.)
Steinbrech, Rasen- (Saxifraga decipiens): Steenkruut (Wm.)

Steinklee (Melilotus coeruleus): Pröckelkees (Sdtm. *1860*)

Steinsamen, Acker- (Lithospermum arvense): Dront (Fehm., Hü.); Drönt (Lbg.); Drunt (Fehm.)

Sternmiere, Große (Stellaria holostea): Adebaarsbloom (Prb.); (Witte) Grasbloom; Haverbloom (Schönkch.); Slangenbloom (Hohenw.); Slangenkruut (Eckf.); Snakenbloom (Sdtm., Hohenw., Rdsbg.); Snakenkruut (Rdsbg.); Stern (Stap.); Sternbloom (Storm., Hü.)

Stiefmütterchen (Viola tricolor): Gesichterbloom (Dtm.); Grootmoder(s)-bloom (Sschl., Dtm., Storm.); Kiewittsbloom (Dtm.); Kreihenbloom (Bornh.); Kreihenföötjen (Kremp., Pbg., Bornh.); Steefmudder (Storm., Dtm., Rdsbg., Hus., Hü., Schw.); Swalkenbloom (Schiffbek); Swolkenbloom/Swulkenbloom (Hohenw., Schenef., Wacken., Kh., Wm., Sgbg.); Vagelbloom (Sdtm., Stap.)

Stinkmorchel (Phallus impudicus): Poggenhoot (Hus., Ndtm., Rdsbg.); Stinkhoot (Ang.

Stockrose (Althaea rosea): Finsterroos (Dtm.); Stockroos; Wandroos (Dtm.)

Stolzer Heinrich (Senecio vulgaris): *s.* Kreuzkraut

Storchschnabel (Geranium): Adebaarssnabel (Dw., Hü., Rdsbg., Dtm., Lbg.); Adebaarssnaff (Sgbg.); Adebaarssnapp (Storm.); Grana (Dtm., Prb., Fehm.); Graniel/Granium (Dw., Schw., Ang.); Grano (Dtm., Prb., Fehm.); Granum, *pl.* Granums (Fehm.); Kranium, *pl.* Kranien (Hohn., Dtm.)
Storchschnabel, Stinkender / Ruprechtskraut (Geranium robertianum): Snakenkruut (Holst.); Stinkkruut (Embühren)

Stranddistel (Eryngium maritimum): Blaue Dießel (Storm.); Hasenkohl (Fehm.); Stranddießel (Fehm.)

Strandhafer, Gewöhnlicher (Ammophila arenaria): Helm (Eid., Wschl.); Snitt; Snittgras

Strandnelke/Widerstoß (Limonium vulgare): Halligbloom (Pellw.)

Strandroggen (Elymus arenarius): Sandhaver; Sandhavermann; Strandhaver

Straußgras, Rotes (Agrostis tenuis/vulgaris): Bent

Streifenfarn (Asplenium trichomanes): Slangenkruut

Strohblume, Gold- (Helichrysum bracteatum): Strohbloom (Hü., Ndtm., Kk., Wankendf.)
Strohblume, Sand-/Immerschön (Helichrysum arenarium); Ewigkeitsbloom (Dtm., Fehm., Sgbg.); Pissbloom (Lbg.); Soebenjahrsbloom (Sgbg., Wm., Rdsbg., Hü.); Strohbloom (Hü., Ndtm., Kk., Wankendf.)

Studentenblume (Tagetes patula): Dodenbloom; Judennelk (Dtm.); Sammtaster (Dtm.); Sammtbloom (Dtm., Bornh.); Snieders Morgenrood (Schw., Rdsbg.)

Sumpfbinse (Eleocharis palustris): Bullenpesel (Wm.); Dottel(n) (Stap.); Duttel(n) (Dtm., Stap., Büttel.); Düttel(n) (Ndtm.)

T

Tang (Fucus): Dang; Dann (Dtm., Ellerb.)

Tanne, Balsam- (Abies balsamea): Sprockdann (Kk.)
Tanne, Weiß- (Abies alba): Dann

Taubenkropf (Cucubalus baccifer): Knackblaas (Schlesw.)

Taubnessel, Rote (Lamium purpureum): Lütte Doofnettel; Kattenbloom (Fehm.); Rode Suugbloom; Rode Suugnettel (Sdtm., Wm., Elmsh., Storm., Sgbg., FL, Sschl.)
Taubnessel, Weiße (Lamium album): Dannennettel (Mh.); Dennett(el) (Dtm., Hü.); Grote Doofnettel; Hummelnettel (Sgbg.); Sötsuger (Bramst.); Witte Suugbloom; Witte Suugnettel (Stdm., Wm., Elmsh., Storm., Sgbg., FL, Sschl.); Suugtitten (Storm.)

Tausendgüldenkraut (Centaurium erythraea): Dusendgülden (Bornh.); Severinsbloom (Fehm.)

Teerose (Rosa indica): Schillingsroos

Teichrose, Gelbe (Nuphar luteum): Gele Aubloom (Mh., Sgbg., Storm.); Pümmel (Rdsbg.); Pümmelken (Storm.); Pumpelken; Schrobbenbläd (Itz.); Gel Seeroos (Sgbg.); Waterroos

Teufelsabbiss (Succisa pratensis): Düvelsafbitt (FL)

Teufelszwirn (Lycium): Düvelstwern (Storm.)

Thymian (Thymus vulgaris): Thymian; Timian; Timijan; Tymijan
Thymian, Feld- (Thymus serpyllum): Mariabettstroh (Dtm., Itz.); Marienbettstroh (Mh., Oh., Dtm., Hü.); Marikenbettstroh (Storm., Mh., Oh., Hü.); Willen Thymian (Hü.)

Torfmoos (Sphagnum): Watermoos

Träubelchen, Blaues (Muscari botryoides): *s.* Perlhyazinthe

Traubenkirsche (Prunus padus): Fuulberboom (Sgbg.); Fuulboom

Trespe, Acker- (Bromus arvensis): Havermeddel
Trespe, Roggen- (Bromus secalinus): Dreesch (Wankendf.); Dreeschen (Storm.); Dresch (Pbg., Sgbg., Rdsbg.); Dresp (Hü., Wh.); Drespel (Fehm.); Dress; Drisp (Schw.); Drispel (Prb.); Dröspel (Fehm.); Wille Haver; Hecken (Nordfr.) Hegel (Hus.); Heger (Ang., Stap., Wschl.); Le(d)haddel/Le(d)harrel (Storm., FL,); Leehaddel (Storm.); Roggendresch/Roggendress (Dtm.)
Trespe, Weiche (Bromus mollis): Dreesch (Wankendf.); Dreeschen (Storm.); Dresch (Pbg., Sgbg., Rdsbg.); Dresp (Hü., Wh.); Drespel (Fehm.); Dress; Drisp (Schw.); Drispel (Prb.); Dröspel (Fehm.); Hecken (Nordfr.); Hegel (Hus.); Heger (Stap., Ang.); Le(d)haddel/Le(d)harrel (Storm., FL); Leehaddel (Storm.); Düütsch Raigras

Trollblume (Trollius europaeus): Eidödder; Eidotter; Eierbloom

Tulpe (Tulipa): Tulepant (Ang.); Tulipant (Flensb.); Tulipantje (Ahrenviöl); Tulk (Dtm., Schönkch., Bornh.) Tülk (Wh.); Tulp; Tult (Hü., Schw.); Tült (Dtm., Hü.)
Tulpe, Wilde (Tulipa sylvestris): Seelandsche Tulp (Hohenw.)

Tüpfelfarn (Polypodium vulgare): Luuskruut (Hohenw.); Slangenkruut; Snakenkruut (Ndtm., Wm., Pbg., Storm., Bornh., Dw., Schw.)

U

Ulme, Feld- (Ulmus campestris): Feldrüster (Holst.); Ieper; Iepernboom; Röster (Oh.); Rüster

Ulme, Feld-, korkartige (Ulmus campestris var. suberosa): Kruusaawel (Warder)

V

Veilchen (Viola): Veilchen; Vijol (Schw.)

Veilchen, Hunds- (Viola canina): Veigel (Wh.)

Vergißmeinnicht (Myosotis): Vergetmini (*vereinzelt*); Vergißmeinnicht

Vexiernelke (Lychnis coronaria): Sammtbloom (Storm., Bornh.); Steknelk

Vogelmiere (Stellaria media): Hahnswark (Dtm.); Höhnerdarm (Sgbg., Hohenw.); Höhnerkruut (Ang.); Höhnermier (Schw., Lbg.); Höhnermierken (Kk.); Höhnersner (Ang.); Höhnerspark (Ntdm.); Höhnerswalk (Dtm.); Höhnerswark (Dtm., Mh., Storm.); Höhnerswarm (Holst. *1800*, Hü., Stap.; Mier(en); Swark (Dtm.); Swarm (Hohenw., Sdtm.); Vagelkruut (Ang.); Vagelmier

W

Wacholder (Juniperus communis): Machandel; Magoller (Ndtm.)

Wachtelweizen, Blauer (Melampyrum nemorosum): Hexenkruut (Schmalensee, *absterbend*)

Waldhyazinthe (Platanthera): Nachtvijol (Ang.); Peerlilj (Dtm.)

Waldmeister (Galium odoratum): Määsch (Lbg., Storm., Stap.); Määschen (Kk.); Mäusch (Dtm.); Mäuschen (Dw., Wankendf.); Möösch(en); Musch (Schenefeld); Müüschen (Ang., Flensb., Pellw.)

Walnußbaum (Juglans regia): Noetboom

Wasserfaden (Ulothrix): Barenfell (Ndtm.)

Wasserfeder (Hottonia palustris): Sliegras (Ndtm.); Watersloetelbloom

Wasserliesch (Butomus umbellatus): s. Schwanenblume

Wasserlinse (Lemna minor): Aantenflott; Aantengröön; Aantenquark/-quarkelsch/-quackelsch (Dtm.); Entengrütt; Entenkruut (Pbg., Itz., Ang.); Entenmai/Entenmarr/Entensnatter (Ang.); Flott (Ang.); Inkenkruut (Dtm.); Kohfuul (Hohn); Roetjen (Dtm.); Teek/Teekruut (Eid.)

Wassernuß (Trapa natans): Tittenstuten (Holst. *1850*)

Wasserpfeffer (Polygonum hydropiper): Bitterling (Holst.); De Bittern (Holst.); Kneen (Storm.); Smaddikar (Schw.); Smarrkarr (Fehm.); Smarrkatt (Bornh.); Smattekarr (Schwabst.); Smatteker (Hus.); Smattkarn (Bgth. *selten*, Stap.); Smattkarr (Storm., Sgbg., FL); Smattkorn (Dtm.); Swartkarrn (Storm.)

Wegerich, Großer (Plantago maior): Aderblatt (Dtm., Stap.); Groot Fievaderblatt; Fievaderwuttel (Ang.); Letjenblatt (Storm.); Negenaderblatt (Fehm.); Soebenaderblatt; Soebenblä; Ströpen (Oh.); Veeraderblatt (Barmst.); Wagentraansbloed (Pbg.); Waterkruut (Elmsh.)

Wegerich, Spitz- (Plantago lanceolata): Lütt Fievaderblatt; Hunnentung (Storm.); Rottenstert (Fehm.)

Wegwarte (Cichorium intybus): Zichori; Zichuurn; Ziguurn

Weide (Salix): Waterwichel (Pellw.); Wichel; Wied; Wiegel (Schw., Viöl)

Weide, Bruch- (Salix fragilis): Blankwichel (Hü.); Kellwichel; Knackwied (Dtm.); Smerwichel (Kk.); Sprackwichel (Rdsbg., Schw.); Sprockwichel (Wh., Mh., Hü.); Sprockwied (Dtm.)

Weide, Grau- (Salix cinerea): Grieswichel (Sgbg.); Graue Wichel; Griese Wichel

Weide, Korb- (Salix viminalis): Korfwichel; Watertähn (Wm.)

Weide, Kriech- (Salix repens): Kruupwichel; Moorwichel (Dtm., Hü.); Snirrwichel (Sgbg.)

Weide, Lorbeer- (Salix pentandra): Moorwichel (Dtm., Hü.); Blanke Wichel

Weide, Palm- (Salix grandifolia): Palmwichel; Palmwied (Dtm.)

Weide, Purpur- (Salix purpurea): Gele/Rode Wichel

Weide, Sal- (Salix caprea): Brookwichel (Holst.); Palm (Sgbg.); Saalwichel (Storm.); Saalwied (Dtm.); Griese Wichel (Hü.); Grote Wichel

Weide, Silber- (Salix alba): Sülverwichel (Rdsbg.); Taagwichel (Fehm.); Togwichel (Hü.)

Weide, Trauer- (Salix babylonica): Truerboom (Dtm.); Truerwichel

Weidenröschen (Epilobium): Wichelroos (Hus.)

Wein, Wilder (Ampelopsis quinquefolia): Wille Wien

Weinstock (Vitis vinifera): Wien

Weißbuche (Carpinus betulus): *s.* Hain-/Weißbuche

Weißdorn (Crataegus oxycantha): Doorn (Hü.); Haadoorn; Haadurn (Ang.); Haagdoorn (Holst., Bornh.); Hädoorn (Warder); Hagedoorn (Oh., Pellw.); Häkdoorn; Mehlbernbusch; Wittdoorn; Wittdurn

Weißwurz, Vielblütige (Polygonatum multiflorum): Peerlilj (Rdsbg.); Snakenbloom (Storm., Sgbg., Hü.); Snakenkruut; Slangenbloom (Hü.)

Weizen (Triticum): Weet (Schlesw., Dtm., Elbm.); Weeten; Weit (Schlesw., Dtm., Elbm.); Weiten

Wermut (Artemisia absinthium): Wermk (Föhr, Amrum); Wörken (Storm., Üters., Hohn, Bredst.); Wörm(d) (Holst. *1800*); Wörmk (Pbg., Storm., Lbg.); Wörmken (Storm.); Wremm (Oh.); Wremp (Ang., Schw., Hü., Rdsbg., Wm., Kremp., Bramst., Kk., Storm.); Wrempen (Hü., Dtm., Hadem., Storm.); Wrempten (Dtm., Jevenst.); Wremt (Dtm.); Wrömk (Storm., Ratzebg.); Wrömken (Storm., Ratzebg.); Wrömm (FL, Schenef., Bornh.); Wrömmen (Dtm.); Wrömp; Wrömpen (Dtm., Stap., Sgbg.); Wrömt (Holst. *1800*, Plön., Hus., Sschl.); Wrümp (Wschl., Hus., Sschl., Schw., Ggd. v. Kiel); Wrümpen (Dtm.); Wrümt (Wschl.)

Wicke (Vicia): Muusarf (Dtm.); Muustort (Ndtm.); Wick
Wicke, Futter- (Vicia sativa): Taararf (Eid., Ndtm.)
Wicke, Rauhhaarige (Vicia hirsuta): Riet(ahr); Snerwicken
Wicke, Schmalblättrige (Vicia angustifolia): Rie(h)/Riet(ahr) (Storm.)
Wicke, Zotten- (Vicia villosa): Taaswick

Wicke, Wohlriechende (Lathyrus odoratus): Bukettarf (Wankendf.); Rüükarf (Storm.); Schienarf (Hü., Storm.)

Widerstoß (Limonium vulgare): *s.* Strandnelke

Winde, Acker- (Convolvulus arvensis): Düvelsdarm (Hü.); Ringelroos (Rdsbg.); Slengelkruut (Fehm.); Snerkruut (Storm., Schenef.); Snerroos (Schwabst.); Snurrkruut (Sgbg.); Tutenbloom (Kk.); Weg'binn (Holst. *1800*); Weg'winn; We'werrn (Neust.); We'winden (FL); We'winn (Storm., Sgbg., FL, Plön, Schönkch., Schw.); Winn
Winde, Dreifarbige (Convolvulus tricolor): Siede Winn (Hü.)

Windhalm (Apera spica venti): Maddel (Fehm); Meddel(gras)/Merdel/ Merl/Mettel (Fehm., Hü.)

Winteraster (Chrysanthemum indicum): Winteraster

Winterling (Eranthis hiemalis): Februaribloom (Prb.)

Witwenblume, Wiesen- (Knautia arvensis): Blaue/Wille Sammtbloom

Wolfsmilch (Euphorbia): Bullenkruut (Dtm., Wm., Storm., Hü.); Düvelsmelk (Ang.); Marienkruut (Ndtm.)
Wolfsmilch, Garten- (Euphorbia peplus): Waartenkruut (Sgbg., Fehm., Ang.); Wittwaartenkruut (Fehm.)
Wolfsmilch, Sonnenwend- (Euphorbia helioscopia): De Düvel sien Botterstang (Ang.)

Wollgras (Eriophorum vaginatum): Möörbel (Hü.); Moorduun (Dtm.); Möörken (Storm., Pbg.); Moorlaak/Moorlook/Moorluuk (Storm., Sgbg., Kk., Rdsbg., Wh.); Wullgras

Wucherblume, Saat- (Chrysanthemum segetum): Grote Maibloom (Hus.); Wokerbloom

Wucherblume, Weiße (Leucanthemum vulgare): s. Margerite

Wundklee (Anthyllis vulneraria): Wullkruut (Fehm.)

Wurmfarn (Dryopteris filix-mas): Slangenkruut; Zegenfarn (Lbg.)

Z

Zahntrost, Roter (Odontites vulgaris): Koogheid/ Marschheid (Nordfr.)

Zaunwinde (Convolvulus sepium): Slangenrank (Schlesw.); Snakenbloom (Holst.)

Zentifolie (Rosa centifolia): Eierroos (Hü., Mh.); Jumfernroos; Provinzroos; Roos

Ziest, Acker- (Stachys arvensis): Fettwöttel (Hü.); Fettwurrel
Ziest, Filziger (Stachys germanica): Hasenohr(en) (Storm., Bornh.); Sammtblatt, Sammtbläd (Storm., Bornh.)
Ziest, Sumpf- (Stachys palustris): Kreihenkopp (Storm.); Kreihenkropp (Pbg.)

Ziest, Wald- (Stachys sylvatica): Dannennettel (Reinb., Sgbg., Plön)

Zittergras (Briza media): Beverbüxen (Fehm.); Bevergras (Kk., Sschl., Viöl); Beverkruut (Elmsh.); Bevermeddel (Kk., Sgbg.); Bevernadel (Ndtm,. Wm., Storm., Bornh., FL, Fehm., Dw., Schw., Ang.); Zittergras

Zweizahn, Dreiteiliger (Bidens tripartita): Hexensporn (Ndtm.); Preesterluus (Storm.); Smattkarr (Storm.); Stekers; Stevelknecht

Zweizahn, Nickender (Bidens cernua): Preesterluus (Storm.); Smattkarr (Storm.)

Zwetsche (Prunus domestica): Eierplumm; Plummboom

Zwiebel (Allium cepa): Ziepel; Ziepoll (Lbg., Schw.); Zippel

Zymbelkraut (Cymbalaria muralis): (Lütten) Judenbaart

Teil 3

BOTANISCH – HOCHDEUTSCH – PLATTDEUTSCH

A

Abies alba (Weißtanne): Dann
Abies balsamea (Balsamtanne): Sprockdann (Kk.)

Acer (Ahorn): Ahorn; Ahrnboom; Ahrn *[aus dem Hochdeutschen]*
Acer campestre (Feld-Ahorn): Hartboom (Eutin); Kruusaabel (Oh.); Kruusaawel; Kruusaawok (Prb.); Krusenaawold (Dw.); Kruusepeldurn (Lbg., FL,); Macholler (Hü.)
Acer pseudoplatanus (Berg-Ahorn): Läten (Sgbg.); Loen; Loeten (Sgbg.)

Achillea millefolium (Schafgarbe): Dusendblatt; Grüttbloom (Mh., Oh., Dw., Sschl.); Raalk (Rdsbg.); Riesbloom (Wschl.); Roelk; Roggenrölk/Roggenröllken (Ang.); Roggenrülk (Dtm., Sgbg.); Röllk; Röllken (Ang.); Rörk (Bramst., Wm., Dtm.); Rülk (Kk., Dtm., Eid., Hus.); Schaapkruut (Hü.)

Aconitum napellus (Blauer Eisenhut): Adam un Eva (Nordfr., Eid., Mh., Eckf.); Grootmoder(s)kapp (Storm.); Grootmoder(s)mütz (Dtm.); Höllmützen (Dw.); Judenkapp (Stap.); Judenmütz (Stap., Storm.); Kreihenfoot (Stap., Rdsbg.); Kutschbloom (Hus., Sgbg.); Kutschpeer (Schw., Dw., Storm.); Kutsch un Peer (Westküste Schlesw., Pellw., Flensb., Hü., Rdsbg., Dtm., Mh.); Kutschwagen (Hohenw.); Peerd un Kutsch; Peerd un Waag/Peerd un Wagen (Schlesw.); Peerkutsch; Peerkutscher
Aconitum vulparia (Gelber Eisenhut): Narrenkapp (Mh.)

Acorus calamus (Kalmus): Kalfswuttel (Wm.); Kalms/Kalmus (Nordseeküste); Karmswuttel; Karnswuttel; Leesch/Liesch (Stap.)

Adoxa moschatellina (Bisamkraut): Moschuskruut

Aegopodium podagraria (Giersch, Geißfuß): Amtmannskohl (Fehm., Dtm.); Bullerjahn; Dreeblatt (Wankendf.); Geeschen; Giersch (FL); Girts (Ndtm.); Gösch; Heers/Heerse (Dtm.); Heerts (Eid., Schw.); Hirsch (Ndtm.); Hirts (Ndtm., Eid.); Jeuß (Storm.); Jiersch (Sgbg.); Jöösch (Sgbg., Storm.); Jörs (Dtm., Holst. *1800*, Storm.); Jörsquek (Holst. 1800); Jürs (Storm.); Kreihenfoot (Stap., Hü., Wm.)

Aesculus hippocastanum (Roßkastanie): Christangel/Christannel (Ang.); Kastana (Ang.); Kastandel (Nordfr.); Kastang (Oh., Wm., Sdtm.); Kastangel; Kastani (Pellw., Nordfr.); Kastanje (Dtm.); Kastannel (Ang.); Krastangel (Prb.); Kristandel (Flensb.); Kristangel (Sgbg., FL, Prb., Fehm.); Kristannel (Schw.); Krustangel (Sdtm.)

Aethusa cynapium (Hundspetersilie): Wille Petersill (Storm., Dtm., Hü., Ang.); Schierling (Schlesw., Prb., Nort.)

Agrimonia eupatoria (Odermennig): Aderjaan (K. Groth); Münning (Ranz.)

Agropyrum repens (Quecke): Queek; Quek; Quekgras; Quietsch; Quitsch/Quitz (Dtm., Stap., Eid.); Roete (Pellw.)

Agrostemma githago (Kornrade): Faden/Faten (Fehm.); Klingt (Nordfr., Stap., Ang., Schw.); Koppraa (Lbg.); Kornbloom (Mh.); Raa; Raad; Raak (Kk., Storm.); Raal (Dtm. *1795*); Räk (Bramst., Kk.); Rallwohl (Dtm. *1795*); Rär (Schlesw.); Reer (FL); Rerr (Oh.); Roggenbloom (Stap.); Roggenraad (Holst. *1790*); Röh; Rör (Bramst.); Rörk (Schenef.); Rörr (Wm., Storm., Sgbg., Fehm.); Swartsaat (Dtm.)

Agrostis vulgaris (Rotes Straußgras): Bent

Ajuga reptans (Kriechender Günsel): Heelbläd (Rdsbg.); Kiewittsbloom (Storm., Sgbg.); Kukuksbloom; Blaue Kukuksbloom (Hü.); Verdrussbloom (Flensb., Storm.)

Alisma (Froschlöffel): Hekblatt (Eid.); Preesterplant (Pellw.)

Allium (Lauch): Look
Allium ascalonicum (Schalotte): Schalott
Allium cepa (Zwiebel): Ziepel; Ziepoll (Lbg., Schw.); Zippel
Allium porrum (Porree): Borre; Borri; Burri; Porre; Porrig (Storm.)
Allium sativum (Knoblauch): Knobblook (Kk.); Knoflook; Knufflook; Knuuflook
Allium schoenoprasum (Schnittlauch): Beeslook; Graslook (Schlesw., Dtm.)

Alnus glutinosa (Schwarz-Erle): Eller; Ellernboom; Uler (Hohenw.)
Alnus incana (Grau-Erle): Norrsche Eller (Rdsbg.); Swedsche Eller (Kk.)

Aloë arborescens (Baumartige Aloe): Alweh (Sdtm.); Brandbloom; Brandboom
Aloë variegata (Bunte Aloe): Bunten Alweh

Alopecurus myosuroides (Acker-Fuchsschwanz): Flüüs/Flüüsch (Dtm.); Tammgras (Stap.); Voßstert (Dw.)

Althaea rosea (Stockrose): Finsterroos (Dtm.); Stockroos; Wandroos (Dtm.)

Amanita muscaria (Fliegenpilz): Giftswamm

Amaranthus (Fuchsschwanz): Voßstert (Holst.); Voßswans (Schlesw.)

Ammobium alatum (Sand-Immortelle): Strohbloom (FL., Schönkch.)

Ammophila arenaria (Gewöhnlicher Strandhafer): Helm (Eid., Wschl.); Snitt; Snittgras

Ampelopsis quinquefolia (Wilder Wein): Wille Wien

Anagallis arvensis (Acker-Gauchheil): Fuullieschen (Sgbg.); (Rode) Mier(en); Regenbloom; Werderbloom

Anchusa arvensis (Acker-Ochsenzunge):Krummhals
Anchusa officinalis (Gewöhnliche Ochsenzunge): Sammtbloom (Sgbg.)

Anemone nemorosa (Busch-Windröschen): Adebaarsbloom (Delve, Schwabst.); Fettbloom (Ang.); Feeverbloom (Ang.); (Witte) Holtbloom (Ang.); Oosche (Dtm.); Oosterbloom; Oostersteern; Snakenkruut (Dtm.)

Anethum graveolens (Dill): Dill

Angelica archangelica (Engelwurz): Stinkhorn

Antennaria dioica (Katzenpfötchen): Ewigkeitsbloom; Smöökbloom (Storm.); Soebenjahrsbloom (Storm., Wankendf., Kh.); Steenbloom (Storm., Oh.); Strohbloom (Bramst., Storm.)
Antennaria margaritacea (Perlpfötchen): Dodenbloom (Dtm.); Ewigkeitsbloom; Iesbloom (Dtm.); Soebenjahrsbloom (Storm., Wankendf., Kh.); Strohbloom (Dtm.)

Anthemis arvensis (Acker-Hundskamille): Goosbloom (Schönkch.); Hunnenbloom (Fehm., Sgbg., Kk., Reinbek); Hunnenkamell (FL, Plön, Kk.); Hunnenstock (Wm.); Kamell(en); Kammbloom (Dtm.)
Anthemis nobilis (Römische Kamille): Mater (Eid.)

Anthoxantum odoratum (Ruchgras): Ruchgras (Holst. *1790*, Hü.)

Anthriscus sylvestris (Wiesen-Kerbel): Bullenkruut (Sdtm.); Fleutenkruut (Hus., Stap.); Gabel un Mess (Fehm., *absterbend*); Kalverkropp; Kalverkruut; Peerkoem (Stap.); Scharnkruut (Hü., Schw.); Scharntodel (Stap.); Scharntüddel (Hus., Stap.); Scharntüder/Scharntürrer/Scharntüt (Ang.); Schelfleut (Hemme); Schirnfleut (Schlichting); Schörntodel (Stap.)

Anthyllis vulneraria (Wundklee); Wullkruut (Fehm.)

Antirrhinum majus (Löwenmaul): Gaapstock (Ang.); Gorpmuul (Ang.); Jappop (Wm., Pbg., Storm., Hü.); Lömuten; Löwenmuul; Löwenrachen (Storm.); Muulaap(en) (Prb.)
Antirrhinum orontium (Kleines Löwenmaul): Orant (Holst. *1705*)

Apera spica venti (Windhalm): Maddel (Fehm.); Meddel(gras)/Merdel/Merl/Mettel (Fehm., Hü.)

Aquilegia vulgaris (Akelei): Akelei; Klaken(bloom); Klöckern (Storm.); Klocken(bloom) (Storm., Mh., Dtm., Stap., Hü., Pellw.)

Arctium lappa (Klette): Angel (Ang.); Backer(s) (Preetz, Wm.); Borr, *pl.* Borren (Ang., Flensb., Wschl.); Burr (nördl. Ang.); Burre, *pl.* Burris (Maasbüll); Dennerlärch/Dunnerlarch (Prb.); Klappbusch (Eid.); Klatt (*selten*); Klev; Klever (Flensb.); Klevluus (Hus., Stap., Hü., Storm., Dtm.); Klief; Kluus (Ndtm.); Klüüs (Eid., Stap.); Lurk (Holst. *1800*); Porren (Ahrenviöl); Purren (Ang.)

Aristolochia clematitis (Osterluzei): Lepelkruut (Hü.)

Armeria maritima (Grasnelke): Butendieksgras (Ndtm.); Engelsch Gras; Grasnegel; Graslook (Dtm.); Meergras; Sandbloom (Fehm.)

Armoracia (Meerrettich): Maarreddik; Maireck (Reinbek); Maireddi (Prb., Hü.); Marrak; Marredi; Marreek (Storm., Sgbg.); Marretig (Wm.); Marrik (Lbg.); Marrok; Merredi; Mörk (Prb. *1813*)

Arnica montana (Arnika, Wohlverleih): Arnikabloom; Goldbloom (Storm.); Wohlsbloom (Rdsbg.); Wulmerlei/Wulverlei (Fehm.); Wülverlein (Hus.)

Arrhenatherum elatius (Glatthafer): Raigras (Oh. *1811*)

Artemisia abrotanum (Eberraute): Aalkruut (Sdtm.); Ewerrau (Sgbg.); Ewerriek (Dtm.); Ewerritjen/Ewerritt (Hü.); Ewerrood; Hewerrood (Fehm.); Hoffmannsrood (Kk.); Hoffrau (Sgbg.); Hoffraut (Reinf.); Hoffrood (Dtm., Storm., Kk., Schwabst., Eid.); Hoffrooj (Wm.); Hoffroon (Hü.); Hoffruu (Kh.); Hoffruuk (Storm.); Hoffruurt (Föhr); Rükelbusch; Slaapkruut (Storm.)

Artemisia absinthium (Wermut): Wermk (Föhr, Amrum); Wörken (Storm., Üters., Bredst., Hohn); Wörm(d) (Holst. *1800*); Wörmk (Pbg., Storm., Lbg.); Wörmken (Storm.); Wremm (Oh.); Wremp (Ang., Schw., Hü., Rdsbg., Wm., Kremp., Bramst., Kk., Storm.); Wrempen (Hü., Dtm., Hadem., Storm.); Wrempten (Dtm., Jevenstedt); Wremt (Dtm.); Wrömk/Wrömken (Storm., Ratzebg.); Wrömm (FL, Schenef., Bornh.); Wrömmen (Dtm.); Wrömp; Wrömpen (Dtm., Stap., Sgbg.); Wrömt (Holst. *1800*, Plön, Hus., Sschl.); Wrümp (Wschl., Hus., Sschl., Schw., Ggd. v. Kiel); Wrümpen (Dtm.); Wrümt (Wschl.)

Artemisia maritima (Strand-Beifuß): Willj Krüüs (Föhr)

Artemisia vulgaris (Beifuß): Bessenkruut (Ang.); Kreihenfoot; Matten (Hus. *1800*); Muckert/Muggert (Storm., Sdtm.); Stüük (Wesselb.); Wille Wrömp (Pellw.); *siehe auch die Namen unter Artrmisia absinthium.*

Asparagus officinalis (Spargel): Aspars, *pl.* Asparsen (Mh., Dtm., Wm.); Spaars (Holst. *1800*, Pbg., Storm., Wm., FL); Spargel; Spars (Holst. *1800*, Pbg., Storm., Wm., FL)

Aspidium (Schildfarn): Fahrnkruut; Farnkruut; Snakenkruut (Storm., Hü.)

Asplenium trichomanes (Streifenfarn): Slangenkruut

Aster chinensis (Aster): Aster

Atriplex patula (Gewöhnliche Melde): Mell(e/n) (Hus., Rdsbg., Stap., Dtm., Sgbg., FL); Solte Mell(e/n) (Pellw.)

Avena brevis (Kurz-Hafer): Lütten Haver (Schenef.)
Avena fatua (Flug-Hafer): De schwarte Düvel (Fehm.); Doven Haver (Holst. *1800*); Wille Haver; Willhaver
Avena sativa (Hafer): Haber(n); Haver(n)
Avena strigosa (Sand-Hafer): Rugen Haver; Kaninkenhaver (Wm., Hohenw.)

B

Barbarea vulgaris (Echtes Barbenkraut): Vijol (Ang.)

Begonia discolor (Begonie): Operstehungsbloom

Bellis perennis (Gänseblümchen, Maßliebchen): Diekbloom (Ndtm.); Dusendschökel (Duvenstedt); Dusendschön/Dusendskjönken (Ggd. v. Kiel); Goosblauf (Ltjbg.); Goosbloof (Neum.); Goosbloom; Hunnenbloom (Kk.); Kalverbloom (Stap.); Knüllbloom (Mh., Storm.); Kohbloom (Ndtm.); Kükenbloom (Stap.); Madjesbloom (Eid.); Maibloom (Eid.); Mardelbloom; Mardeln (Sdtm. *vereinzelt*); Margelbloom (Sgbg., FL, Plön); Marienbloom (Dtm., Ang.); Markabloom (FL); Markerbloom (Sgbg.); Mark(s)bloom (Oh., Dw., Flensb.); Marlbloom; Marmelbloom (Neum.); Marrbloom (Schönkch.); Marrelbloom (Fehm.); Marribloom (Hus.); Martjen(bloom) (Storm., Dtm.)

Berula (Merk): Mürk (Wm.)

Beta rubra (Rote Beete): Rabeetwöddel (Holst. *1800*); Rode Beet(en)
Beta vulgaris (Runkel-Rübe): Rode Beet

Betula alba (Birke): Bark; Birk

Bidens cernua (Nickender Zweizahn): Preesterluus (Storm.); Smattkarr (Storm.)

Bidens tripartita (Dreiteiliger Zweizahn): Hexensporn (Ndtm.); Preesterluus (Storm.); Stekers; Stevelknecht; Smattkarr (Storm.)

Brassica napus ssp. arvensis (Raps): Raps; Rapsaat
Brassica napus ssp. napobrassica (Steck-Rübe): Stekrööv
Brassica oleracea (Grünkohl): Gröönkohl; Taterkohl (Prb.)
Brassica oleracea (Weißkohl): Wittkohl

Briza media (Zittergras): Beverbüxen (Fehm.); Bevergras (Kk., Sschl., Viöl); Beverkruut (Elmsh.); Bevermeddel (Kk., Sgbg.); Bevernadel (Ndtm., Wm., Storm., Bornh., FL, Fehm., Dw., Schw., Ang.); Zittergras

Bromus arvensis (Ackertrespe): Havermeddel
Bromus mollis (Weiche Trespe) Dreesch (Wankendf.); Dreeschen (Storm.); Dresch (Pbg., Sgbg., Rdsbg.); Dresp (Hü., Wh.); Drespel (Fehm.); Dress; Drisp (Schw.); Drispel (Prb.); Dröspel (Fehm.); Hecken (Nordfr.); Hegel (Hus.); Heger (Stap., Ang.); Le(d)haddel/Le(d)harrel (Storm., FL); Leehaddel (Storm.); Düütsch Raigras
Bromus secalinus (Roggen-Trespe): Dreesch (Wankendf.); Dreeschen (Storm.); Dresch (Pbg., Sgbg., Rdsbg.); Dresp (Hü., Wh.); Drespel (Fehm.); Dress; Drisp (Schw.); Drispel (Prb.); Dröspel (Fehm.); Wille Haver; Hecken (Nordfr.); Hegel (Hus.); Heger (Ang., Stap., Wschl.); Le(d)haddel/Le(d)harrel (Storm., FL); Leehaddel (Storm.); Roggendresch/Roggendress (Dtm.)

Butomus umbellatus (Schwanenblume, Wasserliesch): Adebaarsbloom; Bekbees; Bekerbees; Judenspeck (Fehm.); Waterliesch

Buxus sempervirens (Buchsbaum): Bischbusch (Prb.); Bocksboom (Pellw.); Buschboom; Bussboom (FL); Buxboom

C

Calamagrostis canescens (Sumpf-Reitgras): Holtmeddel (Kk.); Rusch/Ruusch (Hü., Fehm., Nort., Storm.); Snitt; Snittmeddel

Calceolaria (Pantoffelblume): Kantüffelbloom; Pantüffelbloom (Oh., Dtm., Pellw.)

Calendula officinalis (Ringelblume): Abendroot (Sgbg., Föhr); Brüdigamsbloom; Gelgoelken (Fehm.); Gelgülken (Wm.); Judenbloom; Morgenfröh un Abendlaat; Morgenroetjern (Stap., Dtm.); Morgenrood (Storm., Mh.,

Ang.); Morgenroot; Morgenrötjen; Ringelröschen (Storm., Föhr); Ringelroos (Wankendf., Kk., Föhr)

Calluna vulgaris (Besenheide): Heid

Caltha palustris (Sumpf-Dotterblume): Botterbloom; Kohbloom; Kohlöök; Oosterbloom

Camelina dentata (Saatdotter): Doller (Ndtm., Sgbg.)
Camelina sativa (Leindotter): Dödder (Sgbg., Schönkch.); Doller (Ndtm., Sgbg.); Kammeliensaat (Sdtm.)

Campanula (Glockenblume): (Blauen) Fingerhoot (Prb., Stap.); Judenpuus (Wm.); Knackbloom (Kh.); Klocken(bloom) (Dtm., Dw., Schw.); Klöcker (Storm.)

Cannabis sativa (Hanf): Hamp (*selten*); Hemp; Hennop (Hü.)

Capsella bursa pastoris (Hirtentäschelkraut): Grüttbloom (Mh., Oh., Schw.); Jägertasch (Sdtm.); Lepelkruut (Hü., Sgbg., Storm.)

Cardamine pratensis (Wiesen-Schaumkraut): Adebaarsbloom/Adebaarssloetel (Dtm., Schönkch.); Grüttbloom (Storm., Prb., Rdsbg.); Kiewittsbloom (Storm., Wm., Kk., Rdsbg., Dtm., Stap., Hü., Fehm.); Kukuksbloom (Sgbg., Hus.); Storkbloom (Löwenstedt)

Carduus (Distel): Dießel; Diester (Kk., Hohn); Dietsel (Ang.); Dißel
Carduus acanthoides (Weg-Distel): Dießeldoorn (Dtm.); Stohldießel (Pellw.)
Carduus nutans (Nickende Distel): Doorn; Füerdießel (Sgbg.)

Carex (Segge): Dackreep; Suur Gras; Ihlgras (Hus.); Sech/Seck/Sick (Dtm); Sneetgras (Dtm.); Snittgras (Dtm., Hohenw., Kk., Storm., Sgbg., FL, Hü., Stap.); Stärr/Sterr (Ang.); Suurgras
Carex acutiformis (Sumpf-Segge): Haarz (Eid.); Horri(n)g (Nordseeküste); Sorgras (Holst.)
Carex arenaria (Sand-Segge): Sandreetgras (Nordfr.)
Carex panicea (Hirsen-Segge): Blau Gras

Carpinus betulus (Hain-/Weißbuche): Böök; Haaböök (Lbg.); Häböök; Hahnböök (Oldesl.); Heböök; Heelböök; Wittböök

Carum carvi (Wiesen-Kümmel): Broodkoem (Sdtm.); Kemm (Fehm.); Koem; Koemkruut (Storm., Stap.)

Celosia cristata (Zottiger Hahnenkamm): Geldbloom (Sdtm.)

Centaurea cyanus (Kornblume): Blaubloof (Schenef.); Blaumütz (Dtm.); Dront (Wh.); Hungerbloom (Nordfr.); Kaiserbloom; Kornbloom; Roggenbloom (Storm., Kk., Bornh., Hü., Stap.); Tabaksbloom (Flensb.); Tremel(s)-bloom/Tremerbloom (Fehm.); Trems (Lbg., Storm., Oh., Sgbg.)

Centaurium erythraea (Tausendgüldenkraut): Dusendgülden (Bornh.); Severinsbloom (Fehm.)

Chaerophyllum bulbosum (Knolliger Kälberkropf): Wille Broodkoem (Dtm.); Hemmock/Hemmoll (Prb.); Kalverkropp; Kalverkruut; Peerkoem (Stap.); Scharnkruut (Schw., Hü., Hohn); Scharntodel (Stap.); Scharntüddel (Hus., Stap.); Scharntüder/Scharntürrer/Scharntüt (Ang.); Tuterkruut (Stap.)

Chaerophyllum sylvestre (Wald-Kälberkropf): Hammock (Westensee)

Chaerophyllum temulum (Hecken-Kälberkropf): Scharntodel (Stap.); Scharntüddel (Hus., Stap.); Scharntüder/Scharntürrer/Scharntüt (Ang.); Schierling (Prb.)

Cheiranthus cheiri (Goldlack): Gelvijolen (Schönkch.); Goldlaak *(meist Plural)* (Ang., Kk.); Goldlack *(meist Plural)* (Rdsbg., Hus.); Goldluck *(meist Plural)* (Bornh.); Gollaak [Goll-laak] *(meist Plural)* (Ndtm.); Gollenlaak *(meist Plural)* (Ang.); Göllenlaak *(meist Plural)* (Schw.); Gollock [Goll-lock] *(meist Plural)* (Sdtm., Bornh.); Golluck [Goll-luck] *(meist Plural)* (Dtm.); Güllaa [Güll-laa] *(meist Plural)* (Kh., Itz., Dtm.); Güllaat [Güll-laat] *(meist Plural)* (Dtm., Stap.); Gullaak [Gull-laak] *(meist Plural)* (Schw.); Güllaak [Güll-laak] *(meist Plural)* (Hohn); Güllau [Güll-lau] *(meist Plural)* (Storm., Wm., Sdtm.); Güllenlaak *(meist Plural)* (Schw., Ang., Pellw.); Güllenlook *(meist Plural)* (Schw.); Gülluck [Güll-luck] *(meist Plural)* (Dtm.); Gel Vijol (Storm.)

Chelidonium majus (Schöllkraut): Dullkruut (Storm.); Gelwaartenkruut (Fehm.); Schellkruut (Dw.); Schennkruut (Barmst.); Schinnkruut; Schöllkruut; Swolkenkruut/Swulkenkruut (Embühren); Waartenkruut (Storm., Sgbg., Dtm., Hus.)

Chenopodium album (Weißer Gänsefuß): Fettmelln; Dänschen Kohl (Mh., Schw.); Mell(e/n) (Hü., Sgbg., Storm., Sdtm.)

Chenopodium bonus-henricus (Guter Heinrich): Goden Heinerich; Hunnentung (Prb.); Rottenkruut (Schönkch.)

Chrysanthemum indicum (Winteraster): Winteraster

Chrysanthemum segetum (Saat-Wucherblume): Grote Maibloom (Hus.); Wokerbloom

Chrysoplenium (Milzkraut): Zuckerbloom (Sgbg.)

Cichorium intybus (Wegwarte): Zichori; Zichuurn; Ziguurn

Cirsium (Distel): Dießel; Diester (Kk., Hohn); Dietsel (Ang.); Dißel

Cirsium acaule (Stängellose Kratzdistel): Pagensteckel (Elbm., Wm.)
Cirsium arvense (Acker-Kratzdistel): Didsel (nördl. Ang.); Soegendießel; Steckel (Elbm., Wm., Pbg., Storm.); Stekel (Kremp.)
Cirsium oleraceum (Kohl-Distel): Slappkohl (Warder); Wischenkohl (Storm.)
Cirsium palustre (Sumpf-Kratzdistel): Pagendießel (Storm., Sdtm.); Poggendießel
Cirsium vulgare (Gewöhnliche Kratzdistel): Bultdießel (Stap.); Burrdießel (Eid.); Füerdießel (Sgbg.); Peerdießel (Sgbg., Hü.); Stutendießel (Hü., Schw., Ang.); Stuudießsel (Ang.)

Cladonia rangiformis (Rentierflechte): Witt Moos/Witt Moss (Viöl)

Colchicum autumnale (Herbstzeitlose): Sittlöös (Bgth.)

Comarum palustre (Sumpf-Blutauge): Preesterknööp (Bramst.)

Conium maculatum (Gefleckter Schierling): Dunk (Sdtm., Wm.); Giftschierling; Scharnpiep (Dtm.); Schierling (Pellw., Hus., Prb.); Bunte Schierling (Holst.); Grote Schierling (Schlesw.); Stinkenhümpel (Stap.)

Convallaria majalis (Maiglöckchen): Konfall (Eid.); Konfaller (Eid., Flensb.); Lielj (Hohenw.); Lielk (Ndtm.); Lilekonfei (Flensb.) Lilg (Dtm.); Lilikonvall (Ang.); Lilje (Holst. *1800*); Liljenkonveilchen (Fehm.); Lilk (Sgbg.); Lilkenfall (Ang.); Lill, *pl.* Lillen; Lilli (Stap.); Lillekonwall (Wm., Sgbg., Oldbg.); Lirken (Hohenw.); Lirkenfall (Flensb.); Lirren (Flensb., Schlesw.); Lührk (Kh.); Maibloom (Sgbg.); Maiklöcken (Fehm., Storm.); Maililj (Hohenw., Schw., Flensb.); Peerlilj (Embühren)

Convolvulus arvensis (Acker-Winde): Düvelsdarm (Hü.); Ringelroos (Rdsbg.); Slengelkruut (Fehm.); Snerkruut (Storm., Schenef.); Snerroos (Schwabst.); Snurrkruut (Sgbg.); Tutenbloom (Kk.); Weg'binn (Holst. *1800*); Weg'winn; We'werrn (Neust.); We'winden (FL); We'winn (Storm., Sgbg., FL, Plön, Schönkch., Schw.); Winn
Convolvulus sepium (Zaun-Winde): Slangenrank (Schlesw.); Snakenbloom (Holst.)
Convolvulus tricolor (Dreifarbige Winde): Siede Winn (Hü.)

Coreopsis bicolor (Mädchenauge): Kattengesicht (Rdsbg.)

Cornus mas (Kornelkirsche): Judenkirsch (Sh.)

Corydalis cava (Hohler Lerchensporn): Hoppepeerbloom (Sgbg.); Oosterbloom (Kiel)

Corylus avellana (Haselstrauch): Hasel (Viöl, Ratzebg.); Hassel; Kloeterbusch (Holst. *1800*); Noetboom; Noetbusch

Crataegus monogyna/oxyacantha (Weißdorn): Doorn (Hü.); Haadoorn; Haadurn (Ang.); Haagdoorn (Holst., Bornh.); Hädoorn (Warder); Hagedoorn (Oh., Pellw.); Häkdoorn; Mehlbernbusch; Wittdoorn; Wittdurn

Crocus vernus (Krokus): Wille Saffran (Dtm.)

Cucubalus baccifer (Taubenkropf): Knackblaas (Schlesw.)

Cucumis sativus (Gurke): Agurk (Ang., Flensb.); Gork (Schlesw.); Gurk

Cucurbita pepo (Kürbis): Körbs (Holst.); Kürb(i)s; Schienappel (Hü., Rdsbg., Sgbg., Storm.)

Cuscuta epithymum (Quendel-Seide): Düvelsdarm; Kleesied (Mh.)
Cuscuta europaea (Nessel-Seide): Düvelstwern (Holst.)

Cydonia vulgaris (Quitte): Quiet (Hohn); Quitt

Cymbalaria muralis (Zymbelkraut): (Lütten) Judenbaart

Cynoglossum officinale (Hundszunge): Hunnentung (Kk., Rdsbg.); Rottenkruut (Eck.)

Cynosurus cristatus (Wiesen-Kammgras): Kammgras; Spittgras (Stap.)

Cypripedium calceolus (Frauenschuh): Fruensschoh

Cytisus scoparius (Besenginster): Bessenkruut; Braam; Braamt (Sdtm.); Braan (Rdsbg.); Bramm (Stap.); Bramp (Dtm.); Geil(en) (Ang., Nordfr.)

D

Dactylis glomerata (Knäuelgras): Dickkopp(saat); Knaulgras (Kh., Eck.)

Dactylorhiza (Knabenkraut): Handbloom (Ang., Flensb.); Preesterpendel (Sgbg.)
Dactylorhiza latifolia (Breitblättriges Knabenkraut): Düvelshand; Engelshand (Hus.); Gottshand
Dactylorhiza maculata (Geflecktes Knabenkraut): Düvelshand; Engelshand (Hus.); Gottshand; Kukuksbloom

Dahlia variabilis (Georgine): Chinaroos (Kk.); Gien(en) (Wm., Itz., Prb.)

Daphne mezereum (Seidelbast, Kellerhals): Peperbloom (Wm., Dtm., Kh.); Peperboom (FL, Prb., Dtm., Schw.); Peperbusch (Storm., Prb., Dtm., Hü., Ang.); Sötjebast (Lbg.)

Datura (Stechapfel): Düvelsappel (Dtm.); Stekappel (Kk., Storm., FL, Bornh., Hü.)

Daucus carota (Möhre): Gelwörtel; Gelwottel; Gelwöttel; Gelwuttel; Kiewittsstohl (Sgbg.); Woddel; Wöddel; Wördel (Dw.); Wortel (Holst. *1800*, Dtm., Kiel.); Wörtel (Holst. *1800*); Wottel (Schlesw., Fehm., Neum.); Wöttel (Oh., Mh., Storm., Ranz.); Wurtel (Ang., Dtm.); Wuttel (Wh., Schlesw.); Wüttel (Dtm.)
Daucus carota (Gelbe Möhre): Foderwuttel (Dtm., Kh.)
Daucus carota (Wilde Möhre): Plockwöttel (Storm.)

Delphinium ajacis (Rittersporn): Hackspor(n) (Dtm.); Lange Jumfer (Storm., Bornh.); Schohbloom (Prb.)

Deschampsia (Schmiele): Bent
Deschampsia caespitosa (Rasen-Schmiele): Blinkbült (Kk.); Hundtollen/Hunnentollen (Hus.); Kattenbaart (Hus.)
Deschampsia flexuosa (Draht-Schmiele): Blenker (Holst.)

Dianthus (Nelke): Nagel; Nägeln (Dw., Hü., Nort., Bramst., Kk., Storm., Lbg.); Negel; Negelken (Schw., Ratzebg.); Nelk; Nilk (Ang., Sschl., Hus., Ndtm.)
Dianthus armeria (Büschel-Nelke): Kluusternegel(k); Kluusternelk
Dianthus barbatus (Bart-Nelke): Dutznelk (Schönkch.); Kluufnegel (Bornh.); Kluußnegel; Kluusternegel(k)/Kluusternelk; Kluutnegel(k) (Hü.); Puttnegel/Puttnelk (Stap.)
Dianthus carthusianorum (Karthäuser-Nelke): Druuvnelk (FL)
Dianthus caryophyllus (Garten-Nelke): Stocknegelk (Bornh.); Stocknelk (Bornh.)
Dianthus deltoides (Heide-Nelke): Grasnegel
Dianthus plumarius (Feder-Nelke): Feddernegel (Storm., Kk., Bornh., Hü.); Feddernelk; Feddernilk (Dtm.)

Digitalis (Fingerhut): Kutschpeerd (Ang.); Tutenbloom (Prb.)
Digitalis purpurea (Fingerhut): (Roden) Fingerhoot (Prb)

Drosera rotundifolia (Sonnentau): Bullenkruut (Storm., Pbg., Hü.); Ossenkruut (Nordfr.; Ang.)

Dryopteris filix-mas (Wurmfarn): Slangenkruut; Zegenfarn (Lbg.)

E

Echium vulgare (Natternkopf): Blaue Dießel (Storm.)

Eleocharis palustris (Sumpfbinse): Bullenpesel (Wm.); Dottel(n) (Stap.); Duttel(n) (Dtm., Stap., Büttel.); Düttel(n) (Ndtm.)

Elymus arenarius (Strandroggen): Sandhaver; Sandhavermann; Strandhaver

Empetrum nigrum (Krähenbeere): Heidber (Wh., Wschl.); Heideber (Ang., Viöl, Sschl.); Heidelber (Hohn); Kreihenber (Ang.)

Epilobium (Weidenröschen): Wichelroos (Hus.)

Equisetum (arvense u.a.) (Schachtelhalm): Dubock; Dubup (Üters. *1760, vereinzelt*); Dukop (Reinb. *vereinzelt*); Dunop (*vereinzelt*); Duopp (Sdtm.); Duufop (Bornh.); Duuk (Schw.); Duwack (Schönkch.); Duwock; Düwock (Ranz.); Duwopp (Sdtm., Wm., FL, Dw.); Düwopp (Hü.); Duwuck (Schw.); Duwum (*vereinzelt*) (Mh.); Duwupp (Prb., Mh., Storm., Dtm.); Ketelkruut; Rohrharr (Nordfr.)

Equisetum arvense (Acker-Schachtelhalm): Bockfaar (Sgbg); Bocksbaart (Sgbg., FL, Oh., Fehm., Schw.); Haarmoss (Holst.); Haasmoss (Kremp.); Hallmoos (Prb.); Hallmoss (Bramst.); Hallmuss (Wm.); Harrmoss (Mh., Wm.); Hartmoss (Holst., Prb., *veraltet*); Kohdood (Dtm., Schlesw.); Ledgras (Eid.); Moos/Moss (Rdsbg.); Padderak (Flensb.); Voßstert; Voßswans (Ang.)

Equisetum hiemale (Winter-Schachtelhalm): Schaapgras (Ang.); Schaffross (FL); Schaffrusch (Storm., Mh., Hü., Schw.); Schaffrüschen (Börmerkoog); Schaffruss (Holst. *1800*, Storm., FL); Scharfröss (Sgbg.); Scharfrusch (Flensb.); Scharprösch (Rdsbg.); Scharpross (Storm.); Scharpruss (Kk.); Schürkruut (Storm., Sgbg.); Tinnkruut; Zinnkruut (Schw.)

Equisetum limosum (Schlamm-Schachtelhalm): Hollruss; Kohdood (Dtm., Schlesw.); Negenknee; Parrerak (Ang.); Risch (Wh.)

Equisetum maximum (Riesen-Schachtelhalm): Överdann (Fehm.)

Equisetum palustre (Sumpf-Schachtelhalm): Abendbook (Pbg.); Ahnebuk (Elbm.); Bocksbaart (Hlghf.); Hollruss; Kannenkruut (Pbg., Storm.); Negenkann (Storm.); Negenknee; Porr/Purr (Eid., Ahrenviöl); Russ (Storm.); Schaffross (FL); Schaffrusch (Storm., Mh., Hü., Schw.); Schaffrüschen (Börmerkoog); Schaffruss (Holst. *1800*, Storm., FL); Scharfröss (Sgbg.); Scharfrusch (Flensb.); Scharprösch (Rdsbg.); Scharpross (Storm.); Scharpruss (Kk.); Schürkruut (Storm., Sgbg.)

Equisetum pratense (Wiesen-Schachtelhalm): Bocksbaart (Fehm.); Dark (Stdm.); Hallmoos (Prb.); Hallmoss (Bramst.); Hallmuss (Wm.)

Equisetum silvaticum (Wald-Schachtelhalm): Hallmoos (Prb.); Hallmoss (Bramst.); Hallmuss (Wm.)

Eranthis hiemalis (Winterling): Februaribloom (Prb.)

Erica tetralix (Glocken-Heide): Doppheid (Mh., Storm.); Heid; Heidbloom; Klockenheid (Mh.); Krukenbloom (Dtm.); Schrubberheid (Hü., Kk.)

Eriophorum vaginatum (Wollgras): Möörbel (Hü.); Moorduun (Dtm.); Möörken (Storm., Pbg.); Moorlaak/Moorlook/Moorluuk (Storm., Sgbg., Kk., Rdsbg., Wh.); Wullgras

Erodium cicutarium (Reiherschnabel): Koppwehkruut

Erophila verna (Hungerblümchen): Geldbloom (Sdtm.); Grüttbloom (Ranz., Mh., Oh.); Hungerbloom (Hü.); Mannsleef (Rdsbg.); Pennkruut (Sdtm.); Roggenluus (Ndtm.); Schorf (Hus., Stap.)

Eryngium maritimum (Strand-Distel): Blaue Dießel (Storm.); Hasenkohl (Fehm.); Stranddießel (Fehm.)

Euonymus europaeus (Spindelbaum, Pfaffenhütchen): Krüüzber(n); Lepelboom (Embühren); Spierböken (Kiel, Hohenw.); Spierboom (Hohenw., Schw.); Spillboom

Euphorbia (Wolfsmilch): Bullenkruut (Dtm., Wm., Storm., Hü.); Düvelsmelk (Ang.); Marienkruut (Ndtm.)

Euphorbia helioscopia (Sonnenwend-Wolfsmilch): De Düvel sien Botterstang (Ang.)

Euphorbia peplus (Garten-Wolfsmilch): Waartenkruut (Sgbg., Fehm., Ang.); Wittwaartenkruut (Fehm.)

Euphrasia officinalis (Augentrost): Ogentroost

F

Fagus silvatica (Rotbuche): Böök; Roodböök; Wittböök (Embühren)
Fagus silvatica var. purpurea (Blutbuche): Bloodböök; Rood Böök (Hü.)

Fallopia convolvulus (Winden-Knöterich): Dreekant (Ndtm.); Rangelbookweeten (Schenef., Ranz.); Riet(ahr) (Warder); Smerbookweeten (Rdsbg.); Snerkruut (Storm.); Snirrkruut (Holst., Schlesw.); Steenbookweet (Schw., Flensb.); Suurkruut (Sgbg.); Wille Wichel (Wm.)

Fest**u**ca arundin**a**cea (Rohr-Schwingel): Ossenmuul (Schw.)
Fest**u**ca ov**i**na (Schaf-Schwingel): Jittenbult (Schw.)
Fest**u**ca r**u**bra (Roter Schwingel): Wille Haver (Wm.)

Filip**e**ndula ulm**a**ria (Mädesüß): Immenkruut (Wh.); Meedkruut (Kiel., Kk., Hü.); Meedsööt (Sgbg., Rdsbg., Dw.); Söötmei

Foen**i**culum (Fenchel): Finkel (Holst.); Finnkohl (Wm.)

Frag**a**ria (Erdbeere): Eer(d)bei (Dtm.); Eer(d)ber

Fr**a**xinus exc**e**lsior (Esche): Esch(en); Krüüzesch; Taagesch (Storm., Sgbg.)

Fritill**a**ria imperi**a**lis (Kaiserkrone): Adebaarsei (Friedrichst.); Kaiserkroon

Fritill**a**ria mel**e**agris (Schachblume): Adebaarsei (Friedrichst.); Kiewittsei (Hus., Kollmar, Sgbg.); Maitulp (Holm b. Üters.); Wille Tulp (Elbm.)

F**u**cus (Tang): Dang; Dann (Dtm., Ellerb.)
F**u**cus vesicul**o**sus (Blasentang): Blasendang (Nordseeküste); Knacker (Pellw.); Meerkleever (Fehm., Prb.); Steenbusch (Fehm., FL); Tank

Fum**a**ria officin**a**lis (Erdrauch): Brüdigamskruut (Storm., Kiel, Hü.); Brüdigamsmannsleev; Mannsleef (Storm., Hü.)

G

G**a**gea l**u**tea (Wald-Goldstern): Gele Grasbloom; Oosterbloom (Rdsbg.)

Gal**a**nthus niv**a**lis (Schneeglöckchen): Märzbloom (Wm.); Pingstbloom (Hü.); Sneeblaum (Schönkch., Lbg.); Sneeglöckschen; Sneekiek (Holst.); Sneeklock

Gale**o**psis (Hohlzahn): Dannennettel (Wh., Mh., Rdsbg.)
Gale**o**psis speci**o**sa (Bunter Hohlzahn): Bunte Doofnettel; Kloop

Galins**o**ga parvifl**o**ra (Kleinblütiges Franzosenkraut): Franzosenkruut

G**a**lium ap**a**rine (Kletten-Labkraut): Kruup (Pellw.); Unechte Müüschen (Flensb.); Snerkruut (Dtm., Sgbg.); Snirrkruut (Holst., Schlesw.); Swuppdiwupp (Mschl.); Tuunrank; Tuunreet (Prb.)

Galium mollugo (Wiesen-Labkraut): Bettstroh/Maria-Bettstroh (Stdm., Neum.); Peermöösch(en) (FL, Olpenitz)

Galium odoratum (Waldmeister): Määsch (Lbg., Storm., Stap.); Määschen (Kk.); Mäusch (Dtm.); Mäuschen (Dw., Wankendf.); Möösch(en); Musch (Schenefeld); Müüschen (Ang., Flensb., Pellw.)

Galium palustre (Sumpf-Labkraut): Meedekruut (Bramst.); Meedkruut (Kk.); Meekruut (Bramst.)

Galium sylvaticum (Wald-Labkraut): Hunnenmöösch(en) (Storm., Mh., Hü.); Peermöösch(en) (Gettorf)

Galium verum (Echtes Labkraut): Marienbettstroh (Wm., Storm., Fehm., Flensb.)

Genista (Ginster): Geil (Ang., Flensb., Viöl)

Genista anglica (Englischer Ginster): Hei(d)doorn (Dtm., Storm., Pbg.); Knackmandel (Hü.)

Gentiana pneumonanthe (Lungen-Enzian): Königsbloom (Hü., Itz.)

Geranium (Storchschnabel): Adebaarssnabel (Dw., Hü., Rdsbg., Dtm., Lbg.); Adebaarssnaff (Sgbg.); Adebaarssnapp (Storm.); Grana (Dtm., Prb., Fehm.); Graniel/Granium (Dw., Schw., Ang.); Grano (Dtm., Prb., Fehm.); Granum, *pl.* Granums (Fehm.); Kranium, *pl.* Kranien (Hohn., Dtm.)

Geranium robertianum (Ruprechtskraut, Stinkender Storchschnabel): Snakenkruut (Holst.); Stinkkruut (Embühren)

Geum rivale (Bach-Nelkenwurz): Klaken(bloom); Klocken(bloom) (Sgbg., Pbg., Hü., Stap.)

Glechoma hederacea (Gundermann): Hollermann (Prb.); Peerkrüsemint (Sdtm.)

Glyceria aquatica (Wasser-Schwaden): Leesch; Reehahn (Stap.)

Glyceria fluitans (Manna-Schwaden): Hunnenbusch (Dtm.)

Gratiola officinalis (Gnadenkraut): Gottsgnadenkruut (Sgbg. *vereinzelt*)

H

Hedera helix (Efeu): Efa; Efarank; Efeu; Ibenloh (Storm., Sgbg.); Ibenloof; Iloh (Holst.); Iloof

Helianthus annuus (Sonnenblume): Sammtbloom (Viöl); Sünnblaum; Sünnbloom

Helichrysum arenarium (Sand-Strohblume, Immerschön): Ewigkeitsbloom (Dtm., Fehm., Sgbg.); Pissbloom (Lbg.); Soebenjahrsbloom (Sgbg., Wm., Rdsbg., Hü.); Strohbloom (Hü., Ndtm., Kk., Wankendf.)
Helichrysum bracteatum (Gold-Strohblume): Strohbloom (Hü., Ndtm., Kk., Wankendf.)

Helleborus niger (Christrose): Wrangen; Wrangenkruut (Storm.); Wrangkruut
Helleborus viridis (Grüne Nieswurz): Füerkruut (FL); Wrangen; Wrangenkruut (Storm.); Wrangkruut

Hepatica nobilis (Leberblümchen): Blauheimchen (FL); Leverbloom (Hü.); Märzbloom (Storm.); Oosterbloom (FL, Bornh.)

Heracleum sphondylium (Wiesen-Bärenklau): Barenklau; Bullenklau (Kk.); Hexenkohl (Schw.)

Hesperis matronalis (Gewöhnliche Nachtviole): Nachtvijol (Oh., Dtm.); Puttnegel/Puttnelk (Sgbg., FL); Rijol (Hohenw.); Viol/Vijol (Dtm., Mh.)
Hesperis tristis (Trübe Nachtviole): Nachtvijol (Schönkch.); Sülvergroschen; Viol/Vijol (Dtm., Mh.)

Hippophaë rhamnoides (Seedorn): Sanddoorn (Nordfr.)

Holcus lanatus (Wolliges Honiggras): Darrgras (Holst. *1815*); Honniggras; Honnigmeddel (Sgbg., Kk.); Meddel(gras)/Merdel/Merl/Mettel (Mh., Wh.); Sötmeddel (Sgbg.); Wittmützengras

Hordeum distichon (Zweizeilige Gerste): Tweereegte Gassen
Hordeum hexastichon (Sechszeilige Gerste): Küülgassen
Hordeum murinum (Mäuse-Gerste): Will Gassen (Dtm., Fehm.); Muusgassen; Willgass (Fehm.)
Hordeum secalinum (Roggen-Gerste): Wille Rogg (Eid.)
Hordeum vulgare (Mehrzeilige Gerste): Gars (Hus.); Garsen (Pellw.); Garsten (Flensb.); Gass (Schlesw.); Gassen; Gast (Schw., Ang.); Gasten (Mh.)

Hottonia palustris (Wasserfeder): Sliegras (Ndtm.); Watersloetelbloom

Humulus lupulus (Hopfen): Hoppen

Hydrocharis morsus-ranae (Gewöhnlicher Froschbiss): Geld(bloom) (Ndtm.)

Hyoscyamus niger (Schwarzes Bilsenkraut): Bilsenkruut; Dull Dill; Dulldill(en) (Holst.); Dulldübsen (Dtm.); Dullkruut (Holst.)

Hypericum perforatum (Johanniskraut, Hartheu): Bloodreinigungskruut (Fehm.); Brammiskruut/Brannwienkruut (Fehm.); Bloodbröök (FL); Bloodkruut; Düvelsafbitt (Wankendf.); Gottsgnadenkruut (Wh., Sh., Mh., Hü.); Jadüvel (Schönkch., Prb.); Jesu-Wundenbloom (Ndtm.); Jödüvel; Johanniskruut (Ndtm.); Koembloom (Prb.); Kristibloodbloom (Ndtm); Krüüzbloom (Plön); Liefwehbloom (Storm., Dtm.); Perikum (Sschl.); Pilikum (Flensb.); Pirikum (Ang.); Pirkum (Holst., Hus., Nschl.); Pürikum (Ang.)

I

Ilex aquifolium (Stechpalme): Goosdoorn (Eid.); Hölkedoorn; Höltsen (Ahrenviöl); Huls; Hüls; Hülsendoorn (Ang., Dw.)
Ilex europaeus (Stechginster): Hülsendoorn (Holst., *vereinzelt*)

Impatiens balsamina (Balsamine): Schoosterbloom
Impatiens nolitangere (Springkraut): Buschspringer (Storm.); Knackbloom (Sgbg.); Sloetelkruut (Ang.); Springkruut

Inula helenium (Alant): Aland (Wm., Dtm.)

Iris (Schwertlilie): Adebaarssnaff (Mh.); Laschbloom (Dtm.)
Iris germanica (Blaue Schwertlilie): De blage Adebaarsbloom (Strenglin); Ulenbloom (Prb.)
Iris pseudacorus (Wasser-Schwertlilie): De gele Adebaarsbloom (Dw., Schw, Rdsbg., Sgbg., Wm.); Adebaarsklapper (Storm.); Adebaarsnipp (Reinfeld.); Adebaarssnapp (Ndtm., Sdtm., Storm., Kk, Pbg.); Kelk (Bramst.); Leesch (Hü., Börmerkoog); Leeschbloom (Hü., Hus., Stap., Dtm., Wm., Storm.); Liesch (Hü., Börmerkoog); Peck (Ang., Flensb.); Reetbloom (Prb.); Storkbloom; Waterliesch; Waterlill

Isolepis setacea (Schuppensimse): Fruenhaar (Dw., Dtm.)

J

Jasminum officinale (Jasmin): Jasmin

Juglans regia (Walnußbaum): Noetboom

Juncus (Binse): Aurüsch; Bees; Gnurrbaart (Fehm.); Risch (Wh.); Röösch (Hohenw.); Rosch (Ndtm., Wschl.); Rösch (Viöl); Roscher (Eid.); Rusch (Wm., Neum., Schönkch., Prb., Fehm., Hü., Stap.); Rüsch (Storm., Dtm., Sschl., Hus.); Rüschel (Wschl.); Rüscher (Eid.); Ruusch (Wm., Neum., Schönkch., Prb., Fehm., Hü., Stap.); Rüüsch (Storm., Dtm., Sschl., Hus.); Sieves *(pl.)* (Ang.)
Juncus effusus (Flatter-Binse): Duttel(n) (Storm.)
Juncus squarrosus (Sparrige Binse): Flöhkruut (Hü.)

Juniperus communis (Wacholder): Machandel; Magoller (Ndtm.)
Juniperus sabina (Sadebaum): Soebenboom

K

Knautia arvensis (Wiesen-Witwenblume): Blaue/Wille Sammtbloom

L

Laburnum (Goldregen): Goldref, *pl.* Goldreben (Dw., Kk.); Goldregen; Kaffeboom (Ang.); Kleeverboom (Schönkch.)

Lactuca (Lattich): Feldkröpp (Holst.)

Lamiastrum galeobdolon (Goldnessel): Gele Suugnettel; Zuckertitt (Dtm.)

Lamium album (Weiße Taubnessel): Dannennettel (Mh.); Dennett(el) (Dtm., Hü.); Grote Doofnettel; Hummelnettel (Sgbg.); Sötsuger (Bramst.); Witte Suugbloom; Witte Suugnettel (Stdm., Wm., Elmsh., Storm., Sgbg., FL, Sschl.); Suugtitten (Storm.)

Lamium purpureum (Rote Taubnessel): Lütte Doofnettel; Kattenbloom (Fehm.); Rode Suugbloom; Rode Suugnettel (Sdtm., Wm., Elmsh., Storm., Sgbg., FL, Sschl.)

Larix (Lärche): Loek; Lörch (Sgbg.); Lörk

Lathyrus odoratus (Wohlriechende Wicke): Bukettarf (Wankendf.); Rüükarf (Storm.); Schienarf (Hü., Storm.)

Ledum palustre (Sumpf-Porst): Flöhkruut (Eid., Dtm., Wm., Mh.); Mottenkruut; Noppenkruut (Eid.); Porsch (Hadem., Ndtm.); Pors(t); Post

Lemna minor (Wasserlinse): Aantenflott; Aantengröön; Aantenquark/-quarkelsch/-quackelsch (Dtm.); Entengrütt; Entenkruut (Pbg., Itz., Ang.); Entenmai/Entenmarr/Entensnatter (Ang.); Flott (Ang.); Inkenkruut (Dtm.); Kohfuul (Hohn); Roetjen (Dtm.); Teek/Teekruut (Eid.)

Leontodon autumnalis (Herbst-Löwenzahn): Sirupsbloom (Sgbg.)

Leucanthemum vulgare (Margerite, Weiße Wucherblume): Goosbloom (Prb., Dw.); Hunnenbloom (Storm., Sgbg.); Hunnenstock (Sdtm.); Kammbloom (Ndtm.); Kannbloom (Dtm.); Krusen Kohl (Storm.); Peerkamell (Dtm., Wm.); Preesterkragen (Storm.)

Leucojum vernum (Märzenbecher): Grote Sneeklock

Levisticum officinale (Liebstöckel): Leppstock/Lippstock (Dtm., Mh., Oh.)

Ligustrum vulgare (Liguster): Augustrum (Wm., Sgbg, Prb., Schw.); Gustrum; Lagustrum (Ang.); Liguster

Lilium bulbiferum (Feuer-Lilie): Brandlill/-lilge; Brandnilk/-negel; Gele Nes (Lbg.); Nesenfarver; Snutenfarber (Lbg.); Türkenbund (Storm.)
Lilium candidum (Weiße Lilie); Witte Brandlill, -lilge; Witte Lill
Lilium martagon (Türkenbund-Lilie): Gelnesen (Dw.); Krull-Lilg

Limonium vulgare (Widerstoß, Strandnelke): Halligbloom (Pellw.)

Linaria vulgaris (Leinkraut): Fruenhaar (Storm.); Sülverblatt (Storm.)

Linum usitatissimum (Flachs, Echter Lein): Flass; Lien

Lithospermum arvense (Acker-Steinsamen): Dront (Fehm., Hü.); Drönt (Lbg.); Drunt (Fehm.)

Lolium (Lolch): Wierling (Wschl. Küste)
Lolium multiflorum (Italienisches Raygras): Raigras
Lolium perenne (Englisches Raygras): Raigras
Lolium temulentum (Taumel-Lolch): Dwelk (Hus.)

Lonicera (Geißblatt): Honnigbloom
Lonicera caprifolium (Wohlriechende Heckenkirsche): Snerröppel (Sdtm.); Suugbloom (Schw., FL, Bornh.)
Lonicera periclymenum (Wald-Geißblatt): Honnigbloom; Sugels (Ang.); Suufbloom (Dtm.); Suuftitten (Dtm.); Suugbloom (Dtm., Storm., Kk., Sgbg., Schönkch.); Suugranken (Dtm., Storm., Kk., Bornh., Sschl.); Suugtitten (Dtm., Hus., Schwabst.); Suugtrüntjer (Ndtm.); Zuckertitt (Dtm.)

Lotus corniculatus (Hornklee): Eierbloom; Steenkleever (Dtm.)

Lunaria annua (Silberblatt): Rubelkruut (Wankendf.); Sülverblatt (Prb.)
Lunaria biennis (Silberblatt): Sülvergroschen (Üters.)

Lupinus (Lupine): Lupin

Luzula campestris/pilosa (Feld-/Haar-Hainsimse): Hasenbloom (Storm.); Hasengras (Ang.); Hasenhaar (Storm.

Lychnis (Lichtnelke): Luuskruut (Wankendf.); Poppenbloom (Embühren)
Lychnis chalcedonica (Lichtnelke „brennende Liebe"): Brandklusternegel (Wankendf.)
Lychnis coronaria (Vexiernelke): Sammtbloom (Storm., Bornh.); Steknelk
Lychnis flos cuculi (Kuckucks-Lichtnelke): Fleeschbloom; Kiewittsbloom (Bramst.), Kukuksbloom (Mh., Wm., Dtm., Eid., Hus., Rdsbg.); Kukuksspie; Siedenbloom (Viöl)
Lychnis viscaria (Pechnelke): Klevnelk (Prb.); Mückenfang (Sh.); Pechnegel (Sgbg.); Pepernegelk (Storm.); Picknegel/-nelk (Storm., Mh., Hü., Dw.); Teerbloom (Storm,. Bornh., Plön); Teernagel (Sgbg.)

Lycium (Teufelszwirn): Düvelstwern (Storm.)

Lycoperdon gemmatum/bovista (Bovist, Stäubling): Kattei *(wenn er weiß ist)* (Hus., Ang.); Paufies (Oh., Mh.); Poffies (Ang., Kk.); Pofies (Ndtm., FL, Dw.); Pofiss (Stap., Dtm., Wm., Kh., Sgbg., Neust.); Powiss (Schw.); Puffer (Ndtm.); Pufferts (Ang.); Puffits (Ang.); Puwiss (Wh.); Ulefies *(wenn er gelbbraun ist)* (Hus., Ang.); Windpuffer (Ndtm.)
Lycoperdon bovista (Großer Bovist): Hexenmehl (Wh.)

Lycopodium (Bärlapp): Fettbock (Pbg.); Fuchsschwanz (Ang.); Ravenswans (Ang.); Slangenkruut (Kk.)
Lycopodium clavatum (Kolben-Bärlapp): Iloh (Storm.); Kreihenfoot (Storm.); Slangenmoss (Wh.); Snakenmuss (Storm.)

Lysimachia nummularia (Pfennigkraut): Beksling
Lysimachia vulgaris (Gilbweiderich): Christi Bloodbloom (Storm.); Christibloodbloom (Dtm.)

Lythrum salicaria (Blutweiderich): Iesenhart (Storm.); Voßswans (Dtm., Nordfr.); Wei(d)kruut (Sgbg.)

M

Malus sylvestris (Wilder Apfelbaum): Appeldoorn; Hölkappel (Sgbg., Storm.); Holtappel; Hörkappel (Schönkch.)

Malva neglecta (Weg-Malve): Kattenkees (Storm., Dtm., Fehm., Hü., Ang., Flensb.); Kattkrall(en)/Kattenkrall(en); Kattkrell(en)/Kattenkrell(en) (Schw., Ang.); Keesbloom; Keeskruut (Wm.); Keespappel (Ang.); Pannkoken
Malva sylvestris (Malve, wilde): Hasenkohl (Schönkch.); Katt(en)tee (Flensb., Ang.); Keesbloom; Keeskruut (Wm.); Pannkoken

Marrubium vulgare (Andorn): Doert (Storm.); Doort

Matricaria chamomilla (Kamille): Kamell(en)

Matthiola annua (Levkoje): Levkoj

Medicago lupulina (Hopfenklee): Snerkleever (Storm., Hü., Ang.); Steenkleever (Storm.)

Melampyrum nemorosum (Blauer Wachtelweizen): Hexenkruut (Schmalensee *absterbend*)

Melilotus coeruleus (Steinklee): Pröckelkees (Sdtm. *1860*)

Melissa officinalis (Melisse): Limonenkruut; Zitroonmeliss (Schw.)

Mentha aquatica (Wasser-Minze): Peerkrusemint (Wm., Hü.); Peerrükelsch (Stap.)
Mentha arvensis (Acker-Minze): Ackermünt; Will Krüsermünt (Kk.); Peerkrusemint (Sgbg., Storm.); Peer-Krüsermünt (Kk.)
Mentha spicata crispata (Krause Minze): Krusamünt (Kh.); Krusefie (Dtm., Eid.); Krüsement (Mh., Oh.); Krusemünt; Krüsemünt (Storm.); Krüsermint (Wm.); Krüsermünt (Dtm., Dw.); Krüsterment (Hü., Storm.); Krüüs (Föhr); Kruussofie (Eid.)

Menyanthes trifoliata (Bitterklee, Fieberklee): Bitterblatt (Holst.); Dreeblatt; Feeverkruut (Sgbg., Storm.)

Mercurialis perennis (Bingelkraut): Bing; Fievfingerkruut (Ang., Hohn)

Mesembryanthemum crystallinum (Mittagsblume): Iesbloom; Ieskruut (Wm.)

Mespilus germanica (Mispel): Abesch (Schwabst.); Apenaars; Apenerschen; Apenmors; Mispel

Molinia coerulea (Pfeifengras): Bähnk (Dtm.); Bähnt(halm) (Storm., Pbg.); Bent (Schlesw.); Bentgras/-halm (Holst.); Bessenmeddel (Sgbg.); Bink; Bint; Boenk/Boent (Ndtm); Bünk (Sdtm.); Meddel (Sgbg.); Meddel(gras) (Storm., FL); Merdel/Merl/Mettel (Storm., FL); Piepenräumer/Piepenreimer (Sh.); Piepenrümer (Storm.); Swepmeddel (Storm.)

Muscari botryoides (Blaues Träubelchen, Perlhyazinthe): Druuvke (Hus.); Blaue Druven; Graue Hiazint; Blaue Jumfer (Dtm.); Nakelte Jumfer (Storm.); Korall (Storm., Stap.); Blaue Krallen (Wankendf.); Lammersteert (Hü.); Blau Lill (Storm., Kk.); Nakelstert (Schönkch.); Parlbloom (Sgbg., Dw., Schw., Hü.); Parlhiazint (Hus.)

Myagrum sativum (Wilder Flachs): Wille Flass

Myosotis (Vergißmeinnicht): Vergetmini (*vereinzelt*); Vergißmeinnicht

Myosurus minimus (Zwerg-Hahnenfuß): Muusstert

Myrica gale (Gagel): Kienpoost (Wh.); Pors(t); Porsch; Post; Postries (Löwenst.)

N

Narcissus poeticus (Weiße Narzisse): Adebaarsbloom (Schw.); Nachtvijol (Dtm.); Pingstbloom (Schlesw., Dtm., Wm.); Pingstlilge (*pl.* -s) (Hus.); Pingstlilje (Sgbg.); Pingstlilk (Dtm.); Pingstlill/Pingstlilli (Hus.); Pingstlilie (Ang., Pellw.); Pingstnelk (FL); Ringelroos (Dtm.); Zettelröösch (Kh.); Zettleesch (Eid.); Zettlöös (Stap.); Zettlöösch(en); Zillergööschen (Kollmar); Zillerrööschen (Elmsh.); Zittelrööschen (Holst. *1800*, Oh., Kh., Storm.); Zitterbrööschen (Wm.); Zittergööschen (Reinfeld); Zitterrööschen (Dtm., Pbg., Storm.); Zittledsche (Prb.); Zittlöös (Lbg., Storm., Sgbg.); Witte Zittlöösch; Zittlööschen (Dtm., Storm., Ggd. v. Kiel); Zittröösch (Sdtm.)

Narcissus pseudonarcissus (Gelbe Narzisse): Adebaarsbloom (Schw.); Morgenstern; Nachtvijol (Dtm.); Oosterbloom (Schlesw.); Oosterlilk/Oosterlill (Dtm., Pellw., Nordfr., Hus., Ang.); Ringelroos (Dtm.); Seddelrööschen (Dtm.); Sellerrööschen (Dtm.); Sellerrüüschen (Dtm.); Settelöö-schen (Mh.); Settelrööschen (Kh., Dtm.); Settlöösch (Hü.) Settlööschen (Dw., Hü., Dtm., Kk.); Settlüüschen (Hohn); Settrööschen (Dtm.); Siddelrööschen (Dtm.); Sillengööschen (FL); Sippelrööschen (Dtm.); Sittelrööschen (Dtm.); Tiedlööschen (Dw.); Zettelröösch (Kh.); Zettleesch (Eid.); Zettlöös (Stap.); Zettlöösch(en); Zillergööschen (Kollmar.); Zillerrööschen (Elmsh.); Zittelrö-öschen (Holst. *1800*, Oh., Kh., Storm.); Zitterbrööschen (Wm.); Zittergö-öschen (Reinfeld.); Zitterrööschen (Dtm., Pbg., Storm.); Zittledsche (Prb.); Zittlöös (Lbg., Storm., Sgbg.); Gele Zittlöösch; Zittlööschen (Dtm., Storm., Ggd. v. Kiel); Zittröösch (Sdtm.)

Nardus stricta (Borstengras): Bocksbaart (Storm., Kk., Hohenw.); Jöch (Ang.); Kattenbaart

Nasturtium officinale (Brunnenkresse): Bormkasch; Bornkass; Looproos (Schw.); Stolzikum (Sschl.)

Nigella arvensis (Acker-Schwarzkümmel): Müüschen in'e Heed
Nigella damascena (Jungfer im Grünen): Greet in Haarn; Greet in't Grön(e); Jumfer in't Gröne

Nuphar luteum (Gelbe Teichrose): Gele Aubloom (Mh., Sgbg., Storm.); Pümmel (Rdsbg.); Pümmelken (Storm.); Pumpelken; Schrobbenbläd (Itz.); Gel Seeroos (Sgbg.); Waterroos

Nymphaea alba (Weiße Seerose): Witte Aubloom (Mh.); Aupoppen (Mh.); Diekroos (Wankendf.); Moortulp (Dtm.); Mümmel (FL, Storm.); Mümmel-ken (Storm.); Seeroos (Hü., Rdsbg., Neum.); Witt Seeroos (Sgbg.); Wille Tulp (Dtm.); Waterroos; Watertulk (K. Groth)

O

Ocimum basilicum (Basilikum): Brummsilk; Bruunsilk(en) (Wm.)

Odontites vulgaris (Roter Zahntrost): Koogheid/ Marschheid (Nordfr.)

Ononis (Hauhechel): Harthekel (Lbg.); Hartriegel (Storm.)
Ononis campestris (Feld-Hauhechel): Kreihendoorn (Storm.)
Ononis spinosa (Dornige Hauhechel): Doorn (Dtm.); Heidoorn (Storm., Fehm.); Knacker (Hus.); Kreihendoorn (Ang., Flensb.); Landdoorn (Wan-kendf.); Sanddoorn (Bornh.); Wiefkniefen (Windbergen); Wiefkniepen (Kiel);

Wievergnick/Wieverknick (Sgbg.); Wieverknie(n) (Hü.); Wriedgnicken (FL); Wriefkniepen (Plön)

Origanum maiorana (Majoran): Maieraan; Mei(e)ran (Schw., Oh., Wm.)
Origanum vulgare (Wilder Dost): Waterdost

Ornithogalum umbellatum (Dolden-Milchstern): Nachtkatten (Dw.); Slaapbloom (Hus.; Schwabst.); Stern (Dtm.); Sternbloom (Eid.)

Oxalis acetosella (Sauerklee): Dreeblatt (FL); Hasenkleewer (Storm., Sgbg., Hohenw.); Kiewittssuur (Hohn); Kleeverkukesuur (Kk.); Kleeversuur (Storm.); Kukerisuur (Sgbg.); Kukersuur (Bgth.); Kukesuur (Kk., Bramst.); Kukuksblatt; Kukuksmad (Ang.); Kukukssuur; Suderkleever (Ahrenviöl); Süren (Storm., Rdsbg.); Suurbloed (Dtm.); Suurbloeder (Wm.); Suurkleever; Suurkohl (Bornh.); Suurkruut (Bornh., Dw.)

P

Paeonia officinalis (Bauerrose, Pfingstrose): Buurroos

Papaver argemone (Sandmohn): Füerbloom; Füermahn (Itz.); Füerroos (Schw.)

Papaver rhoeas (Klatschmohn): Mahn(bloom); Münjkatt (Marschen); Stinkroos

Paris quadrifolius (Einbeere): Veerblatt

Parnassia palustris (Sumpf-Herzblatt): Ilenbloom (Storm., Hü.); Studentenbloom (Hü.)

Passiflora coerula (Passionsblume): Leiden Christi

Pastinaca sativa (Pastinak): Moorwöddel (Holst. *1800*, Dtm., Fehm., Hü., Ang., Hus., Nordfr.); Moorwuddel

Pedicularis (Läusekraut): Muuskruut (FL)
Pedicularis sylvatica (Wald-Läusekraut): Rode Suugbloom (Hü.)

Pelargonium macranthum (Geranie): Grotes/Wittes Geranium
Pelargonium zoonale/fulgidum (Geranie): Buntes Geranium

Petasites hybridus (Pestwurz): Bullerblatt (Dtm., Wm.); Bullerjahn/Bullerkruut (Üters.); Düvelshand (Prb.); Fahlenfoot (Kk.); Loek; Lörch; Lörk (Storm., Sgbg.)

Petroselinum sativum (Petersilie): (Kruse) Peitersill (Oh., Lbg.); (Kruse) Pessill (Wm.); (Kruse) Petersilen (Kk.); (Kruse) Petersilgen (Üters., Dtm.); (Kruse) Petersilje (Ranz.); (Kruse) Petersill; (Kruse) Petersilli (Nordfr., Pellw., Ang., Sgbg., Dtm.)

Petunia (Petunie): Tutenbloom (Storm.); Tuutsia (Kh.)

Phalaris arundinacea (Glanzgras): Bent (Lbg.); Blankgras (Kk.); Blanksaat (Hü.); Bunt Gras; Buntgras (Holst.); Engelsch Gras; Graslook (Dtm.); Meergras (Dtm.)

Phallus impudicus (Stinkmorchel): Poggenhoot (Hus., Ndtm., Rdsbg.); Stinkhoot (Ang.)

Phaseolus coccineus (Feuer-Bohne): Füerbohn
Phaseolus multiflorus (Bunte Bohne): Füerbohn (Sgbg.)
Phaseolus vulgaris (Brech-Bohne, Schnitt-Bohne): Buschbohnen (Hü.); Krüpelbohn (Hü.); Krüperbohn (Sgbg., Schw.); Krüperwicken (Prb.); Kruupbohn; Krüüpbohn (Wm., Kk.); Krüüptorscharfen *(pl.)* (Wm.); Walsche Bohnen (Dtm., Ang.)
Phaseolus vulgaris (Schnitt-Bohne): Fietsbohnen (FL)
Phaseolus vulgaris (Stangen-Bohne): Stangenbohn (Hü., Pellw.); Stangenwicken (Prb.); Stickbohn (Sgbg.)

Philadelphus coronarius (Jasmin): Koppbloom/Koppwehbloom (Dtm., Storm.)

Phleum pratense (Wiesen-Lieschgras): Timotheegras

Phlox paniculata (Rispige Flammenblume): Stocksireen; Witte Vijol

Phragmites communis (Schilf): Dack; Dackreet; Peck (Flensb., Ang., Hus.); Reet; Reit; Schelp (Oh., Sh.); Schülpkruut (Haale)

Phyteuma (Rapunzel): Rabünsch (Oh.)

Picea abies (Rotfichte): Dann; Führen (Hü.); Grän (Lbg.); Grann (Ang., Schwabst.)

Pimpinella (Bibernelle): Pimpe(r)nell

Pinguicula vulgaris (Blaues Fettkraut): Kiewittsbloom (Hü.)

Pinus (Kiefer, Föhre): Föhr (Wm., Plön, Ang.); Führen; Füren; Fürn

Pisum (Erbse): Arfen *(pl.)*

Pisum arvense (Acker-Erbse): Griese Arfen (*pl.*)
Pisum sativum (Erbse): Gele/Gröne Arfen (*pl.*)

Plantago lanceolata (Spitz-Wegerich): Lütt Fievaderblatt; Hunnentung (Storm.); Rottenstert (Fehm.)
Plantago major (Großer Wegerich): Aderblatt (Dtm., Stap.); Groot Fievaderblatt; Fievaderwuttel (Ang.); Letjenblatt (Storm.); Negenaderblatt (Fehm.); Soebenaderblatt; Soebenblä; Ströpen (Oh.); Veeraderblatt (Barmst.); Wagentraansbloed (Pbg.); Waterkruut (Elmsh.)

Platanthera (Waldhyazinthe): Nachtvijol (Ang.)
Platanthera bifolia (Weiße Waldhyazinthe): Peerlilj (Dtm.)

Poa annua (Einjähriges Rispengras): Steendammgras (Storm., Sgbg.); Steendammkruut (Storm.)
Poa nemoralis (Hain-Rispengras): Wallgras

Polemonium coeruleum (Himmelsleiter): Honnigbloom (Sgbg.); Kaffebloom (Elmsh., Dtm.)

Polygonatum multiflorum (Vielblütige Weißwurz): Peerlilj (Rdsbg.); Snakenbloom (Storm., Sgbg., Hü.); Snakenkruut; Slangenbloom (Hü.)
Polygonatum odoratum (Salomonsiegel): Snakenbloom (Bordesh.)

Polygonum (Knöterich): Dunnerlörchen (Sgbg.); Kattenswans; Lerchen/Lerken (Prb.); Loek; Lörch; Lörk (Sgbg., Storm., Schw.); Pielkruut (Holst.); Pillurt (Ang.); Wichelkruut (Schönkch., Pr., Plön)
Polygonum amphibium (Wasser-Knöterich): Wille Wichel (Dtm.)
Polygonum aviculare (Vogel-Knöterich): Swien(s)gras (Eid., Hus., Pellw., Dtm.); Swienkarr (Fehm.); Swien(s)kruut (Ranz., Wm., Dtm., Rdsbg.); Unverdren (Sgbg.); Unvertre (Storm.); Unvertreden (Fehm.); Unvertret (Holst *1800*); Unvertritt (Dtm., Pbg., Kk., Ranz., Strom., Sgbg., FL, Plön, Hü.); Vagelkruut (Hü.); Vageltritt (Nordfr.); Wier (FL, Dw.)
Polygonum dumetorum (Hecken-Knöterich): Suurkruut (Sgbg.)
Polygonum fagopyrum (Buchweizen) Bockweten (Schw.); Bookweet (Schlesw., FL); Bookweeten; Bookwiet (Stap., Hus.); Buckweeten (Wm., Sdtm., Schw., Ang.); Heidecker(Ang.)
Polygonum hydropiper (Wasserpfeffer): Bitterling (Holst.); De Bittern (Holst.); Kneen (Storm.); Smaddikar (Schw.); Smarrkarr (Fehm.); Smarrkatt (Bornh.); Smattekarr (Schwabst.); Smatteker (Hus.); Smattkarn (Bgth. *selten*, Stap.); Smattkarr (Storm., Sgbg., FL); Smattkorn (Dtm.); Swartkarrn (Storm.)
Polygonum lapathifolium (Ampfer-Knöterich): Kornschrangel (Föhr, Schlesw. Westküste); Krent (Hü., Hohn)

Polygonum persicaria (Floh-Knöterich): Kornschrangel (Viöl); Krent (Hü., Hohn); Pielkruut (Drelsdf., Hus.); Swartkaar (Holst. *1820*)
Polygonum tataricum (Tatarischer Buchweizen): Poolschen Bookweten; Willen Bookweeten; Smattkarr (FL)

Polypodium vulgare (Tüpfelfarn): Luuskruut (Hohenw.); Slangenkruut; Snakenkruut (Ndtm., Wm., Pbg., Storm., Bornh., Dw., Schw.)

Populus (Pappel): Pappel; Päppel; Poppel; Pöppel
Populus alba (Silber-/Weiß-Pappel): Abeel (Sdtm., *absterbend*); Sülverpappel/Sülverpöppel (Rdsbg.)
Populus nigra (Schwarz-Pappel): Swartpöppel
Populus tremula (Zitter-Pappel, Espe): Abeel (Schwabst., *absterbend*); Beveresch (Hus.); Esp; Fledderesch; Fludderesch; Mooresch (Dtm.)

Portulaca oleracea (Wilder Portulak): Puttlaak (Holst.)

Potamogeton (Laichkraut): Baarskruut (Sgbg.); Hekblatt (Ahrenviöl)
Potamogeton natans (Schwimmendes Laichkraut): Kruutschenbläd (Eid.)

Potentilla anserina (Gänse-Fingerkraut): Botterbloom (Pellw.); Goosbloom (Ang.); Gooskruut; Gööskruut; Witten Hinnerk (Prb.); Seemsbläder/Seemsbloed (Storm., Wm., Stap.); Tehnkruut (Pbg., Wm., Dtm.)
Potentilla erecta (Blutwurz): Bloodwuttel; Gel Heidbloom (Storm.); Heidegger (Bramst.); Heidecker (Mh., Ndtm.); Moorecker (Dtm., Stap.); Roodwuttel (Ndtm.)

Primula (Schlüsselblume): Himmelssloetel (Sschl.); Primel; Sloetelbloom
Primula auricula (Rote Aurikel): Oosterbloom (Sdtm., Kremp., Elbm., Itz.)
Primula elatior (Große Schlüsselblume): Oosche (Hus., Eid.); Unechte Sloetelbloom; Stangenarikel (Hü., Storm.)
Primula veris (Echte Schlüsselblume): Karkensloetel; Katt(en)bloom (Hus.); Kletsch (Prb.); Klöcken (Fehm.); Oosterbloom (Dtm., Schw.); Echte Sloetelbloom; Stangenarikel (Hü., Storm.)
Primula vulgaris (Stängellose Schlüsselblume): Abelööschen (Eckf.); Gelööster (Schw. *selten*); Gel Gösselbloom (Ltjbg.); Oosche (Hus., Eid.); Gele Ooschen (Dtm.); Oosterbloom; Ööschen (Sdtm. Geest); Unechte Sloetelbloom

Prunus avium (Süßkirsche, Vogelkirsche): Vagelkirsch; Wesselber (Storm., Sgbg., Schönkch., Plön, Dw., Schw.); Wisselber
Prunus cerasifera (Kirschpflaume): Krick (Embühren)
Prunus cerasus (Sauerkirsche): Brannwienkirsch (Strenglin.); Kassbernboom; Suurkirsch; Wienkirsch; Wisselber
Prunus domestica (Zwetsche): Eierplumm; Plummboom

Prunus dulcis (Mandelbaum): Apenaars (Storm.)
Prunus insititia (Haferpflaume, Kriechenpflaume): Hoffsleh (FL); Hoffslehn (Sgbg.); Hoffslöhn (Elbm., Rdsbg.); Kreek; Kreet (Dtm., Storm., Lbg.); Kreetel (Storm.); Kreetenplumm (Storm.); Kreik (Storm.); Krek (Kk., Schw.); Spelg (FL); Spierk (Schenef., Hlghf.); Spilg; Spilk; Wullschlöhn (Hü.)
Prunus padus (Traubenkirsche): Fuulberboom (Sgbg.); Fuulboom
Prunus persica (Pfirsich): Pers/Persch (Schönkch.); Pfersch (Embühren); Pfirsch (Schw., Dtm.)
Prunus spinosa (Schwarzdorn): Slaa (Ang.); Sleh (Sdtm.); Slehn (Ang.); Slei (Ndtm.); Sleu/Slöh (Sdtm.); Wiepeldoorn (Dtm.)

Pteridium aquilinum (Adlerfarn): Slangenkruut; Snakenkruut (Bramst.); Groot Fa(h)rnkruut

Puccinellia distans (Gewöhnlicher Salzschwaden): Drückdal

Pulicaria vulgaris (Flohkraut): Polei

Pulmonaria officinalis (Gewöhnliches Lungenkraut): Immenbloom (Dw.); Muusbloom (FL); Slangenkruut (Sgbg., Ltjbg.); Rode Sloetelbloom (Sgbg.)

Pulsatilla vulgaris (Gewöhnliche Küchenschelle, Kuhschelle): Moderkruut (Holst. *1800*)

Q

Quercus (Eiche): Eek; Eeken (Dtm., Pbg., Rdsbg., Hohn, Schw.); Eeker
Quercus pedunculata (Stiel-Eiche): Sommereek (Hü.); Tult (Schw.); Tuuneek
Quercus sesiliflora (Trauben-Eiche): Wintereek (Hü.)

R

Ranunculus acris (Scharfer Hahnenfuß): Botterbloom
Ranunculus aquatilis (Wasser-Hahnenfuß): Poggenkruut (Hü.); Truutsenkruut (Langenhorn); Waterbloom (Storm.)
Ranunculus auricomus (Gold-Hahnenfuß): Botterbloom
Ranunculus ficaria (Scharbockskraut, Feigwurz): Botterbloom; Kantüffelkruut (Elmsh.); Scharbuck (Kk.); Sternbloom (Fehm.)
Ranunculus flammula (Brennender Hahnenfuß): Hahnfoot, *pl.* -fööt
Ranunculus lingua (Zungen-Hahnenfuß): Gelwe'winn (FL)
Ranunculus repens (Kriechender Hahnenfuß): Botterbloom; Gelknööp; Goldknööp; Hahnfoot, *pl.* –fööt; Gel(e) Knööp (Holst.); Gollen Knööp (Dtm., Stap., Hü., Ang.); Knoopbloom (Dtm., Hus.)
Ranunculus sceleratus (Gift-Hahnenfuß): Kohbloom

Raphanus raphanistrum (Acker-Rettich, Hederich): Heddrik; Ketje; Keuk (Storm.); Kirk; Knööp (Fehm.); Koetge (Holst. *1800*); Koetje(r) (Stap., Eid.); Köck (Lbg.); Köök; Köttj (Nordfr.); Kück (Dtm.); Kuddik (Sgbg.); Küddik (Storm.); Külk (Lbg.); Küük (Dtm., Storm.) Küüt (Bramst., Pbg.); Küütk (Nordfr., Dtm.)
Raphanus sativus (Garten-Rettich): Radies

Rhamnus cathartica (Purgier-Kreuzdorn): Bocksdoorn; Bruckdoorn (Storm.); Fuulboom (Dtm. *vereinzelt*); Hexendoorn (Storm., Kk.); Krüüzdoorn; Sprickel (Rdsbg.); Wiepeldoorn (Bujendorf)
Rhamnus frangula (Faulbaum): Fuulberboom (Hus.); Fuulboom; Hunnenbern (Storm., Ranz.); Pulverholt; Spillboom (Hü.); Sprackel (Storm.); Spreckel (Stdm.); Spregen; Sprickel; Spriekel (Hohn); Sprietschen (Storm.); Sprütz (Pbg.); Swartbern (Storm.); Vagelberbusch (Sgbg.)

Rhinantus serotinus/minor (Großer/Kleiner Klappertopf): Doofklaab; Geldbloom (Fehm., Dtm.); Goldbloom (Fehm.); Hahnenklaap (Hü.); Hahnenkopp; Klaak (Rdsbg., Mschl.); Klaap (Sh., Mh., Dtm., Stap., Hü.); Klopp (Mh., Stap.); Pannbloom (Wschl.); Pennbloom (Eid., Dtm.); Rassel (Hus.)
Rhinantus serotinus (Großer Klappertopf): Wischengeld (Embühren)

Ribes alpinum (Alpen-Johannisbeere): Krentenbusch (Hü.); Krintenboom (Kk.); Krintenbusch (Sgbg.)
Ribes nigrum (Schwarze Johannisbeere): Ahlbei (Dtm., Eid.); Ahlber (Holst.); Apenbern (Holst. ohne Dtm.); Bocksber (Kk.); Gichtber (Pbg., Plön, *selten*); Hoppenber (Pbg.); Jappenber (Pbg.); Jichtber (Sgbg., Storm., Dtm.); Saalber (Dtm., Stap., Hus., Mschl.); Saldeber (Ang.); Salderber/Salterber (Schw.); Soldeber (Ang., Flensb.); Solderber (Flensb.); Sollber (Ang.,

Nordfr.); Solleber (Wschl.); Sollerber (Flensb., Hü.); Soltber (Stap.); Solteber (Ang., Flensb.); Solterber (Schlesw.); Taterber (Oh.)

Ribes rubrum (Rote Johannisbeere): Hannisber (Ang.); Hannsber/Hansber (Ang., Flensb.); Johannsber; Ribbels (Hus.); Riebel (Stap., Eid., Hus.); Riebels (Eid., Hus.); Riebelsen (Föhr); Riepel/Riepels (Wschl.); Rievel (Stap., Eid., Hus.); Rievels (Stap., Eid., Sschl.)

Ribes uva-crispa (Stachelbeere): Stekelber (Pellw.); Stickber (Ranz., Kk., Kh., Itz., Wm., Dtm.); Stickelber; Stickelsber (Ang.); Stickerber (Neum., Dtm.)

Rosa alba (Weiße Rose): Pozleinroos (Schlesw.)
Rosa canina (Hunds-Rose, Hecken-Rose): Feldroos (Dtm.); Haagdoorn (Schönkch.); Hahnpotenbusch; Hundsroos (Hü.); Kleidoorn (Fehm.); Wille Roos; Wepeldoorn (Schw.); Wiepdoorn/Wiepeldoorn (Fehm., FL)
Rosa centifolia (Zentifolie): Eierroos (Hü., Mh.); Jumfernroos; Provinzroos; Roos
Rosa cinnamomea (Pfingst-Rose): Buschroos; Jumfernroos; Pingstroos
Rosa gallica (Essig-Rose): Etigroos; Wienroos (Hü.)
Rosa indica (Tee-Rose): Schillingsroos
Rosa pimpinellifolia (Bibernell-Rose): Bukettroos (Wankendf., Hü.); Pimpernellroos
Rosa rubiginosa (Wein-Rose): Wienroos (Hü.)

Rosmarinus officinalis (Rosmarin): Rosmarien

Rubus caesius (Kratzbeere): Blackber (Fehm.); Düvelsber (Sgbg.); Kranber (Sgbg.); Kratzberbusch (*vereinzelt*)
Rubus fructicosus (Brombeere): Brammer-/Brammelber (Hohn., Rdsbg., Prb., Wankendf., Schönkch.); Brommber (Schlesw.); Brommelber (Holst., Dw., Schw., Hü.); Brummber (Schlesw.); Brummelber (Holst., Dw., Schw., Hü.); Brummeldoorn (Mh.); Brummerber (Stap., Dw., Oh.); Geil (Ang. 1850); Snerbei (Dtm.); Snurrber (Mh.)
Rubus idaeus (Himbeere): Himber(n); Hinbern (Barmst., westl. Mh., Schönkch., FL); Hingenbern (Kk.); Hinjerbern (Hü.)
Rubus saxatilis (Steinbeere): Steenber (Fehm., Storm.); Wienber (Ang.)

Rumex (Ampfer, *große Arten*): Dunnerlerchen (Prb.)
Rumex (Ampfer): Schrepp (Ang., Schw., Hü.); Ströpels (Fehm.); Strümpels (Fehm.)
Rumex (Garten-Ampfer): Seerampfer (Pellw.)
Rumex acetosa (Großer Ampfer): Kaaksuur (Wm.); Kackelasuur (Kh.); Kakesuur (Holst.); Kukerisuur (Sgbg.); Kukersuur (Bgth.); Kukesuur (Kk., Bramst.); Kukukssuur; Loek; Lörch; Lörk (FL, Sgbg., Schw.); Lürk (Schw.); Rode Rerrer (Eid.); Roodstruck (Dtm.); Roodstrunk (Stap., Dtm., Storm.);

Süren (Storm., Mh., FL, Ang.); Süring (Holst.); Süür (*vereinzelt*); Suuram (Ang., Flensb.); Suuramfer; Suuramper; Süürken (Holst., Dtm., Elmsh., Storm.); Suurkruut (Storm., Sgbg., Hü., Dw.); Suurstengels (Dtm.); Suurstengeln (Dtm.)

Rumex acetosella (Kleiner Ampfer): Roden Hinnerk (Oh., *absterbend*); Rode Sülk (Neum.); Süren (Storm., Mh., FL, Ang.); Süring (Holst.); Süür (*vereinzelt*); Süürken (Holst., Dtm., Elmsh., Storm.); Wille Seerampfer (Pellw.)

Rumex crispus (Krauser Ampfer): Botterblatt; Botterbloom (Dtm.); Gelrood (Pellw.); Larkenblatt (Stap.); Lerchen (Hü., Schw.); Lerchenblatt (Bramst., Kk.); Lerken (Hü., Schw.); Willen Suuramper (Schlesw.)

Rumex hydrolapathum (Fluss-Ampfer): Aalkruut (Hü.); Botterblatt; Waterschrepp (Wh.); Waterseerampfer (Pellw.)

Rumex obtusifolius (Stumpfblättriger Ampfer): Lerchen/Lerken (Schönkch.); Loek; Lörch; Lörk (FL, Sgbg., Schw.); Scharntüder (Schlesw.); Schetbläder (Hus., Ang.); Schrepplörken

S

Sagittaria sagittifolia (Pfeilkraut): Aalkruut (Storm.)

Salicornia europaea (Queller, Glasschmalz): Quandelkruut (Holst. *1804*); Queller; Quoller (Eid.); Slickdannen (Hus., Eid.)

Salix (Weide): Waterwichel (Pellw.); Wichel; Wied; Wiegel (Schw., Viöl)
Salix alba (Silber-Weide): Sülverwichel (Rdsbg.); Taagwichel (Fehm.); Togwichel (Hü.)
Salix babylonica (Trauer-Weide): Truerboom (Dtm.); Truerwichel
Salix caprea (Sal-Weide): Brookwichel (Holst.); Palm (Sgbg.); Saalwichel (Storm.); Saalwied (Dtm.); Griese Wichel (Hü.); Grote Wichel
Salix cinerea (Grau-Weide): Grieswichel (Sgbg.); Graue Wichel; Griese Wichel
Salix fragilis (Bruch-Weide): Blankwichel (Hü.); Kellwichel; Knackwied (Dtm.); Smerwichel (Kk.); Sprackwichel (Rdsbg., Schw.); Sprockwichel (Wh., Mh., Hü.); Sprockwied (Dtm.)
Salix grandifolia (Palm-Weide): Palmwichel; Palmwied (Dtm.)
Salix pentandra (Lorbeer-Weide): Moorwichel (Dtm., Hü.); Blanke Wichel
Salix purpurea (Purpur-Weide): Gele/Rode Wichel

Salix repens (Kriech-Weide): Kruupwichel; Moorwichel (Dtm., Hü.); Snirrwichel (Sgbg.)
Salix viminalis (Korb-Weide): Korfwichel; Watertähn (Wm.)

Salvia officinalis (Garten-Salbei): Grausophie (Schw., Ang.); Salvie; Graue Salvie (Ang.); Smalensofie/Smallsofei/Smalsofei (Fehm.); Sofei (Wm., Storm., Fehm., Schw.); Sofeu (Bornh.); Soffee (Kk., Nort., Hü.); Sofie (Sdtm., Reinf., Sgbg., FL, Hü., Schw.); Graa Sofie (Hü.); Graue Sofie (Schw.); Krusen Sofie (Sdtm., Wm., Sgbg., Schw.); Smallen Sofie (Sgbg., Reinf., Hü., Schw.)
Salvia pratensis (Wiesen-Salbei): Krusafee (Kh.); Krusefie (Dtm.); Krüsefie (Dtm., Schw.); Krusensofie (Dtm.); Kruserfie/Krusofie (Fehm.); Slichtsofie (Eid.)

Sambucus nigra (Schwarzer Holunder): Alhorn; Allhorn (Storm.); Ellhorn; Fleeder(boom/-busch); Goosfleeder (Kk.); Hill(eboom) (Nordfr. *absterbend*); Hillebuum (Nordfr.); Hule (Ang.)
Sambucus racemosa (Trauben-Holunder): Goosfleeder (Kk.)

Saponaria officinalis (Seifenkraut): Preesternelk (Pellw.); Seepenkruut (Hus.)

Satureja hortensis (Bohnenkraut): Bohnenkruut; Küll (Pbg.); Peperkruut

Saxifraga (Steinbrech): Kiewittsbloom (Fehm.); Moosbloom
Saxifraga decipiens (Rasen-Steinbrech): Steenkruut (Wm.)
Saxifraga granulata (Knöllchen-Steinbrech): Grüttbloom (Sgbg.); Mandelbloom (Hü.)
Saxifraga sarmentosa (Kriechender Steinbrech): (Groten) Judenbaart (Dtm., Stap., Pellw.)
Saxifraga umbrosa (Porzellanblümchen): Bevernadel (Storm.); Bookwetenbloom/Bookweetjenbloom (Storm., Bornh.); Nakelte Jumfer (Storm.); Pozleinbloom (nördl. Schlesw.)

Scabiosa (Skabiose): Roggenbloom; Sammtbloom; Steenbloom (Schönkch.)
Scabiosa atropurpurea (Skabiose): Truernegel/Truernelk (Wankendf.)

Scheuchzeria palustris (Blumenbinse): Bullenpesel (Glückst.)

Scilla (Meerzwiebel): Blauküül (Kh.)
Scilla amoena (Garten-Meerzwiebel): Blaue Sneeklock

Scirpus (Simse): Bees; Röösch (Hohenw.); Rosch (Ndtm., Wschl.); Rösch (Viöl); Roscher (Eid.); Rusch (Wm., Neum., Schönkch., Prb., Fehm., Hü., Stap.); Rüsch (Storm., Dtm., Sschl., Hus.); Rüschel (Wschl.); Rüscher (Eid.); Ruusch (Wm., Neum., Schönkch., Prb., Fehm., Hü., Stap.); Rüüsch (Storm., Dtm., Sschl., Hus.); Sieves (Ang.)

Scirpus lacustris (Teich-Simse): Dackbees; Dottel(n) (Stap.); Duttel(n) (Dtm., Stap., Büttel); Düttel(n) (Ndtm.); Kedig (Oldbg.); Kerk (Hü.); Pummelbees; Pumpbees (Storm.); Stohlbees (Sgbg.); Waterbees
Scirpus maritimus (Strand-Simse): Hehneke (Storm.); Hehnk (Dtm.); Henn (Elbm., Storm.); Hennje (Dtm.); Hoehnk; Muckert (Storm.); Reehahn (Stap., Eid.); Snittgras (Fehm.)
Scirpus sylvaticus (Wald-Simse): Snittgras (Hohenw.); Taterbloom

Scleranthus (Knäuel): Krusen Jarr (Storm., Hü.)

Scorzonera hispanica (Schwarzwurzel): Swartwottel; Swartwöttel; Swartwuttel

Secale cereale (Roggen): Rogg (Schlesw.); Roggen (Holst.)

Sedum (Fetthenne): Iesbloom (Schw.)
Sedum acre (Mauerpfeffer, Scharfe Fetthenne): Blolo (Kuden); Fettbuuk; Fettkruut (Bornh.); Fettstert (Storm.); Gelsteenmoos (Fehm.); Moos/Moss; Peperkruut (Sgbg., Storm.); Steenkruut; Steenmoos (Fehm.); Steenpeper (Hus., Hohn, Stap.); Suugkruut (Elmsh.)
Sedum album (Weiße Fetthenne): Stevelsmer (Elmsh.); Stevelwichs (Elmsh.); Trippmadam (Holst., Hü.)
Sedum purpureum (Rote Fetthenne): Johanniskruut (Bramst.)
Sedum telephium (Große Fetthenne): Dunnerbessen (Holst.); Dunnerkruut (Holst., Dtm.); Frier un Bruut; Iesbloom (Schw.); Johanniskruut; Johannislooch (Stap., Dtm., Föhr); Johannisloof (Stap., Dtm., Föhr); Johannissloetel (Stap., Dtm.)

Sempervivum tectorum (Hauswurz): Dackkruut (Storm.); Dacklook; Dunnerbaart (Sh.); Dunnerkruut (Dtm.); Gewitterkruut (Storm.); Huuslaak (FL, Plön, Schönkch.); Huusloch (Storm.); Huusloh (Lbg.); Huuslook; Huuslöök (Nordfr.); Huusluk (Pellw., Schw.)

Senecio cruentis/Cineraria (Cinerarie, Aschenblümchen): Aschbloom (Pellw., Dtm.)
Senecio vulgaris (Kreuzkraut, Stolzer Heinrich): Fettstert (Sh.); Hahnenkopp (Reinb.); Stolten Hinnerk; Krüüzkruut (Oh.); Vagelkruut (Prb.)

Silene (Leimkraut): Picknegel/-nelk (Embühren)
Silene alba (Weiße Lichtnelke): Büxenbloom (Ndtm.); Düvelsbloom (Ndtm.); Hexenbessen (Ndtm.); Lampenbloom (Elmsh.); Puttnelk/Puttnegel (Prb.); Witte Slangenbloom (Hü.); Snakenbloom (Holst.); Sofienkruut (Hü., Storm.)
Silene armeria (Garten-Leimkraut): Morgenroos (Hü.)
Silene cucubalus (Aufgeblasenes Leimkraut): Knackblaas; Piepenbloom

169

Silene dioica (Rote Lichtnelke): Rode Slangenbloom (Schlesw.); Rode Snakenbloom (Holst.); Snakenkruut (Kh., Schw.); Stangenbloom

Silybum marianum (Mariendistel): Stekkorn (Dtm.)

Sinapis alba (Garten-Senf): Witten Semp/Witten Simp

Sinapis arvensis (Acker-Senf): Gel (Pellw.); Keuk (Storm.); Koetge (Holst. *1800*); Koetje(r) (Stap., Eid.); Köck (Lbg.); Köök; Köttj (Nordfr.); Kück (Dtm.); Kuddik (Sgbg.); Küddik (Storm.); Külk (Lbg.); Küük (Dtm., Storm.); Küüt (Bramst., Pbg.); Küütk (Nordfr., Dtm.); Willen/Brunen Semp; Willen/Brunen Simp; Willkohl (Ang., Schw.)

Sisymbrium officinale (Weg-Rauke): Allermünnkrut

Sium (Merk): Mürk (Wm.)

Sium angustifolium (Schmalblättriger Merk): Bormkasch; Bornkass; Hek(s)kruut (Hü.)

Solanum dulcamara (Bittersüß): Muusdoorn (Wh.); Muusholt (Flensb., Storm.)

Solanum nigrum (Schwarzer Nachtschatten): Dullberen; Düllberen (Hü.); Dullkruut (Storm.); Nachtschatten

Sonchus (Gänse-Distel): Goosdießel (Bornh.); Melkdießel; Soegendießel; Soegenkohl; Swien(s)dießel (Schlesw., Sgbg., Kiel)

Sorbus aucuparia (Eberesche): Fleutenholt (Hü.); Fleutenstock (Rdsbg.); Palm (Kk.); Quetsch (Dtm.); Quietsch (Hohn); Quitsch; Quitschboom; Quitschbusch; Rönn (Ang., *selten*); Spillboom (Schw.); Stinkfulen; Vagelberboom

Sparganium (Igelkolben): Degenscheed (Storm): Leesch/Liesch (Hü., Mh.)

Spartium junceum (Spanischer Ginster): Bessenkruut

Spergula arvensis (Feldspark, Spörgel): Ackerspark; Feldspark (Bornh.); Höhnergras (Schlesw.); Jark (Dtm., Pbg., Bramst., Hü.); Jarr (Storm.); Jerr (Storm.); Jirr (Storm.); Kneegras (Holst.); Knüttgras (Holst.); Negenklee; Negenknee (Holst., Sgbg.); Negenknick (Wm.); Spark; Spergel (Ranz., Kk., Embühren); Sperk (Schlesw., Kk.); Spörgel (Dw., Hü., Sgbg.); Swark (Kk.)

Spergularia rubra (Roter Spärkling): Rode Mier(k)en (Sgbg.)

Sphagnum (Torfmoos): Watermoos

Spiraea salicifolia (Spiere): Teebusch/Teekruut (Dtm., Storm., Bornh., Sschl.)

Stachys arvensis (Acker-Ziest): Fettwöttel (Hü.); Fettwurrel

Stachys germanica (Filziger Ziest): Hasenohr(en) (Storm., Bornh.); Sammtblatt, Sammtbläd (Storm., Bornh.)

Stachys palustris (Sumpf-Ziest): Kreihenkopp (Storm.); Kreihenkropp (Pbg.)

Stachys sylvatica (Wald-Ziest): Dannennettel (Reinb., Sgbg., Plön)

Stellaria holostea (Große Sternmiere): Adebaarsbloom (Prb.); (Witte) Grasbloom; Haverbloom (Schönkch.); Slangenbloom (Hohenw.); Slangenkruut (Eckf.); Snakenbloom (Sdtm., Hohenw., Rdsbg.); Snakenkruut (Rdsbg.); Stern (Stap.); Sternbloom (Storm., Hü.)

Stellaria media (Vogelmiere): Hahnswark (Dtm.); Höhnerdarm (Sgbg., Hohenw.); Höhnerkruut (Ang.); Höhnermier (Schw., Lbg.); Höhnermierken (Kk.); Höhnersner (Ang.); Höhnerspark (Ntdm.); Höhnerswalk (Dtm.); Höhnerswark (Dtm., Mh., Storm.); Höhnerswarm (Holst. *1800*, Hü., Stap.; Mier(en); Swark (Dtm.); Swarm (Hohenw., Sdtm.); Vagelkruut (Ang.); Vagelmier

Stipa pennata (Federgras): Feddergras; Haargras

Stratiotes aloides (Krebsschere): Bockelfaart (Meggerk.); Bocksbaart (Storm.); Hek(s)kruut; Kreftscher (Hohenw.); Wateralweh

Succisa pratensis (Teufelsabbiss): Düvelsafbitt (FL)

Symphoricarpus racemosa (Schneebeere): Knackber (Dtm.); Parlbusch (Kk.); Sneebei (Dtm.); Sneeber

Symphytum officinale (Beinwell): Smerwuddel (Ndtm.); Swartwottel, Swartwöttel, Swartwuttel

Syringa vulgaris (Blauer Flieder): Blausirien (Pellw.); Blauwiern (Dtm.); Buschboom (Nordfr.); Kaneelbloom (Dtm., Storm.); Pingstbloom (Föhr); Serreen; Sireen; Süreen (Sgbg.); Wier (Sdtm., Storm.); Blaue Wiern (Sdtm.); Zireen; Züreen

T

Tagetes erecta (Samtblume): Judennelk (Dtm.); Sammtaster (Dtm.); Sammtbloom (Dtm., Bornh.)
Tagetes patula (Studentenblume): Dodenbloom; Judennelk (Dtm.); Sammtaster (Dtm.); Sammtbloom (Dtm., Bornh.); Snieders Morgenrood (Schw., Rdsbg.)

Tanacetum balsamita (Marienblatt): Rüükblatt; Breden Sofie (Sgbg., Bornh.)
Tanacetum parthenium (Mutterkraut): Römsche Kamell; Mater (Nordfr.)
Tanacetum vulgare (Rainfarn): Knööp (Wschl., Dtm., Fehm,. Dw.); Knoopkruut; Krusen Kohl (Dtm.); Peerkropp (Schiffbek.); Rainfaart (Oh.); Rainfar; Rainfarn; Regenfang/Regenkruut (Ang.); Snakenkopp (Westensee); Steenfort; Wormkruut (Sgbg.)

Taraxacum officinale (Wiesen-Löwenzahn): Botterbloom (Sh., Mh.); Düvelsbloom (Ang., Flensb.); Hunnenbloom; Hunnenkruut (Elmsh.); Immenbloom (Sschl., Mschl.); Kaninkenkruut (Flensb.); Kedenbloom; Kohbloom (Fehm., Sgbg.); Noppenkruut (Wschl.); Papenkapp; Peerbloom; Ringelbloom (Preetz, FL, Sdtm.); Swien(s)bloom (Prb., Storm., Hü., Stap, Wschl.); Swien(s)diessel (Ang.)

Thlaspi arvense (Acker-Hellerkraut): Gabel un Mess (Dw.); Grüttbloom (Sgbg.); Penningkruut/Pennkruut (Hü., Dtm.); Schillingskruut/Schillnkruut (Wm., Sdtm.); Steenpeper (Sdtm.)

Thymus serpyllum (Feld-Thymian): Mariabettstroh (Dtm., Itz.); Marienbettstroh (Mh., Oh., Dtm., Hü.); Marikenbettstroh (Storm., Mh., Oh., Hü.); Willen Thymian (Hü.)
Thymus vulgaris (Thymian): Thymian; Timian; Timijan; Tymijan

Tilia (Linde): Linn

Tragopogon pratensis (Bocksbart): Jittbaart (Ndtm., Stap.)

Trapa natans (Wassernuß): Tittenstuten (Holst. *1850*)

Trientalis europaea (Siebenstern): Witte Sternbloom

Trifolium (Klee): Kleever; Kleeverbloom (Dtm.)
Trifolium arvense (Hasen-Klee): Hasenklee (Storm., Hohenw., Ang.); Hasenkleever; Hasenpoot; Kattenkleever (Holst.); Muuskleever (Sgbg., Storm.)
Trifolium minus (Faden-Klee): Steenkleever (Hü.)
Trifolium pratense (Wiesen-Klee): Kohgras (Eid., Dtm.)

Trifolium procumbens (Feld-Klee): Steenkleever (Dtm.)

Trifolium repens (Weiß-Klee): Snerkleever (Pbg.); Steenkleever (Hus., Hü.)

Triticum (Weizen): Weet (Schlesw., Dtm., Elbm.); Weeten; Weit (Schlesw., Dtm., Elbm.); Weiten

Trollius europaeus (Trollblume): Eidödder; Eidotter; Eierbloom

Tropaeolum majus (Kapuzinerkresse): Achterhacken (Wm., Sdtm.); Asturzikum; Düvelsklau (Föhr); Dwerhexen (Sdtm.); Gelhacken (Pbg.); Gele Hacken; Hackenblaum (Prb.); Hackspaan (Eid.); Hackspaar(en)/Hackspor(en) (Eid., Dtm.); Hahnhacken (Sgbg., Oldesloe); Je länger je leever/ Jelängerjeleever (Schw., Ndtm.); Judensnuten (Rdsbg., Pbg., Kh., Krempe); Judensnuut (Hohenw., Rdsbg., Pbg., Neum.); Jumfer kiek oever'n Tuun; Kiekut'nbusch (Elmsh.); Kohhacken (Kk., Sgbg., Oldesl., Rdsbg., Südwschl.); Masselknüst *(pl.)* (FL); Nachtmütz (Wschl.); Pissputt/Pisspütte; Slepstert (Eid.); Snipp (Lbg.); Stertbloom (Stap.); Sturzikum (FL, Bornh.); Swansnacken (Meggerk.); Tellerbloom (Dtm.)

Tulipa (Tulpe): Tulepant (Ang.); Tulipant (Flensb.); Tulipantje (Ahrenviöl); Tulk (Dtm., Schönkch., Bornh.) Tülk (Wh.); Tulp; Tult (Hü., Schw.); Tült (Dtm., Hü.)

Tulipa sylvestris (Wilde Tulpe): Seelandsche Tulp (Hohenw.)

Tussilago farfara (Huflattich): Fahlenfoot, Fahlenfööt; Hooflörken (FL); Hunnenbloom (Sgbg. *vereinzelt*); Kohfladder (Elmsh.); Kukuksbloom (Prb.); Oosterbloom (Storm.)

Typha (Rohrkolben): Rusch (Prb.)

Typha angustifolia (Schmalblättriger Rohrkolben): Lütte Dunnerküül; Kelk; Kerk; Leesch/Liesch (Schw., Rdsbg., Dtm., Wm., Storm.); Rusch (Prb.); Steenkerk (FL)

Typha latifolia (Breitblättriger Rohrkolben): Bommbees (Sh.); Bommpesel (Oh.); Bullenbees (Schlesw.); Bullenpesel (Holst.); Bummpesel (Oh.); Bummsküül (Ang.); Dackküül (Wh.); Donnhamer (Ang., Hus.); Dullhamer (Schw.); Dummhamer (Viöl); Dunnerhamer (Ang., Schw.); Dunnerküül (Schlesw.); Dunnhamer (Ang., Hus.); Dünnhamer (Hus.); Dunsküül (Schlesw.); Kadeküül (Glückst.); Kalküül (Kh.); Katteküül (Kremp.); Kattenküül(en) (Dtm., Wm., Itz., Elmsh., Storm., Lbg., Plön., Rdsbg., Eck., Hus., Hü.); Kattküül(en) (Dtm., Eid., Hus., Schwabst., Börmerk., Hü., Rdsbg.); Kattsküül (Dtm.); Keddik; Kedding (Wm.); Kelk; Kerk; Breed Kerk (FL); Ketk (Lbg.); Kettig (Nordfr.); Kitt (Pellw.); Kittig (Nordfr.); Klappküül (Hohn, Stap., Hü., Ang., Mh.); Leesch/Liesch (Schw., Rdsbg., Dtm., Wm., Storm.); Peerkül (Hohenw., Pbg.); Preespans (Hus.); Preesterpans (Wschl.);

173

Preesterpind (Bredst.); Preesterprangel (Drelsdf.); Pumpesel (Kiel, Oldbg., FL, Lbg., Sgbg., Ranz.); Rusch (Prb.)

U

Ulmus campestris (Feld-Ulme): Feldrüster (Holst.); Ieper; Iepernboom; Röster (Oh.); Rüster
Ulmus campestris var. suberosa (Korkartige Feld-Ulme): Kruusaawel (Warder)

Ulothrix (Wasserfaden): Barenfell (Ndtm.)

Urtica dioica (Große Brennnessel): Grote Brennettel; Dunnernettel (Holst.); Grote Nettel; Stekneddel (Fehm.)
Urtica urens (Kleine Brennnessel): Lütte/Kruse Brennettel; Dunnernettel (Schw.); Hesenettel (Bornh., Dw.); Hiddelnettel (Storm., Kk., Sgbg., Prb.); Hiddernettel (Sh., Hus., Prb., Kiel, Plön, Sgbg.); Hillernettel (Storm.); Hinnernettel (Schönkch.); Hirsenettel (FL); Hittnettel (Ndtm., Prb.); Katernettel (Stap., Rdsbg., Hohenw.); Lütte Nettel

V

Vaccinium myrtillus (Heidelbeere): Bickber; Bileber (Flensb.)
Vaccinium oxycoccus (Moosbeere): Krammber; Krampber (Storm.); Kramsber (Hohn); Krannber (Sgbg.); Kransber (Stap., Dtm.); Maasber (Dtm., Stap.); Moorber (Dtm., Stap.); Moosber (Dtm.); Tied(j)ebei (Dtm.); Tieteber; Tüteber (Holst. *1800*, Dtm., Schw.); Tüterber (Sdtm.); Tütteber (Holst. *1800*, Dtm., Schw.)
Vaccinium uliginosum (Rauschbeere): Trunkelber (Lbg.)
Vaccinium vitis-idaea (Preiselbeere): Krammber (Sdtm., Pbg., Wm., *vereinzelt*); Kroonsber; Tieteber (Ang., Flensb.); Tüteber (Dtm.)

Valeriana dioica (Sumpf-Baldrian): Grüttbloom (Hü., Rdsbg.)
Valeriana officinalis (Echter Baldrian): Balderjaan; Bullerjahn; Kattenkruut (Dtm.)

Verbascum densiflorum (Großblütige Königskerze): Kattenswans (Storm.); Schaapsbloof (Achterwehr)

Verbascum nigrum (Schwarze Königskerze): Himmelssloetel (Schlesw.); Kattensteert (Sgbg., Hü.); Rottenstert (Storm.)

Verbena officinalis (Eisenkraut): Iesenhart (Storm.); Iesenkruut

Veronica (Ehrenpreis): Fedderboom (Dtm.)

Veronica beccabunga (Bachbungen-Ehrenpreis): Lüün (Westensee)

Veronica chamaedrys (Gamander-Ehrenpreis): Agenbloom (Prb.); Ehrenpries

Veronica officinalis (Echter Ehrenpreis): Ehrenpries; Waterkruut (Hohn)

Viburnum opulus (Gewöhnlicher Schneeball): Grossfootbusch (Bornh.); Fuulboom (Hü.); Harrboom (Kk.); Hülkentülken (Ang.); Sneeball

Vicia (Wicke): Muusarf (Dtm.); Muustort (Ndtm.); Wick

Vicia angustifolia (Schmalblättrige Wicke): Rie(h)/Riet(ahr) (Storm.)

Vicia faba (Puffbohne): Grote Bohnen; Grootbohn; Peerbohn(en)

Vicia hirsuta (Rauhhaarige Wicke): Riet(ahr); Snerwicken

Vicia sativa (Futter-Wicke): Taararf (Eid., Ndtm.)

Vicia villosa (Zotten-Wicke): Taaswick

Viola (Veilchen): Veilchen; Vijol (Schw.)

Viola canina (Hunds-Veilchen): Veigel (Wh.)

Viola tricolor (Stiefmütterchen): Gesichterbloom (Dtm.); Grootmoder(s)-bloom (Sschl., Dtm., Storm.); Kiewittsbloom (Dtm.); Kreihenbloom (Bornh.); Kreihenföötjen (Kremp., Pbg., Bornh.); Steefmudder (Storm., Dtm., Rdsbg., Hus., Hü., Schw.); Swalkenbloom (Schiffbek); Swolkenbloom/Swulkenbloom (Hohenw., Schenef., Wacken., Kh., Wm., Sgbg.); Vagelbloom (Sdtm., Stap.)

Viscum album (Mistel): Mistel

Vitis vinifera (Weinstock): Wien

X

Xer<u>a</u>nthemum <u>a</u>nnuum (Echte Papierblume): Strohbloom (Hü.)

Z

Zost<u>e</u>ra mar<u>i</u>na (Seegras): Dang (Ostsee); Seegras; Tank

www.ingramcontent.com/pod-product-compliance
Lightning Source LLC
Chambersburg PA
CBHW082328220526
45470CB00008B/2443